KB173161

바다의 세계 4

「바다의 이야기」편집그룹 엮음
李光雨·孫永壽·金容億·金永熙 옮김

電 波 科 學 社

「역자의 말」

　바다는 「인류의 마지막 개발영역(the last frontier)」으로서 전세계의 각광을 받고 있으며, 최근에는 우리 나라에서도 바다에 대한 관심이 부쩍 높아지고 있다. 이것은 삼면이 바다이고 육지자원이 극히 적은 우리로서는 바다가 갖고 있는 여러 가지 풍부한 자원에 큰 기대를 갖기 때문일 것이다.

　이 책은, 해양학 분야에서 크게 발전한 가까운 일본에서, 해양학의 각 분야를 망라하여, 유명한 해양학자 20여 명이 바다에 얽힌 가장 새로운 이야기들을 모아 편집한 다섯 권으로 된 『바다의 이야기』를 번역한 것이다. 고교생이나 일반인들 뿐만아니라 대학생 및 해양학자들에게도 신비한 바다의 세계를 재미있게 펼쳐주는 좋은 벗이 되리라 믿는다.

　번역에 있어서 어려웠던 점은, 우리의 전문용어가 아직도 부족하고 또 드물게 나오는 생물의 이름에는 아직 우리말로 되어 있지 않은 것이 많아서 고충이 컸다. 혹시 잘못된 점이 있다면 앞으로 바로잡아 나가기로 하고, 여러분의 기탄없는 지적과 아낌없는 가르침을 바란다.

　이 책을 역간하는 데 있어서는, 과학지식의 보급·출판에 외곬 평생을 바쳐오신 「전파과학사」의 손영수 사장이 공동 번역자로 참가하여 함께 번역도 해 주셨고, 어려운 여건에도 불구하고 이렇게 출판을 보게 되니 무엇보다 감사하다. 「전파과학사」가 한국 과학계에 미치는 공헌은 이것으로 더욱 더 빛나리라 생각한다.

　모두 다섯 권으로 구성되는 이 책이, 신비한 바다의 세계를 여러분에게 펼쳐주고, 여러분이 정확한 과학적 지식 위에서 바다를 이해하고 해양에 도전하는 밑거름이 될 수 있다면 더 없는 기쁨으로 생각한다.

1988년 봄

역자 대표　　이　광우

머 리 말

해수가 충만한 바다, 이런 바다를 가지고 있는 것은 태양계의 행성 중에서도 지구뿐이다. 지구 표면의 약 3분의 2는 바다로 덮여 있고, 이것이 지구를 특색적인 것으로 만들고 있다. 지구 위에 사는 우리 인간은 바다와 깊은 관계를 가졌다고 배워왔다. 이를테면 지구 위의 생명은 바다에서 싹이 텄다고 하고, 지구 위의 생물의 혈액은 성분상으로 해수와 닮았다고 하며, 환자의 점적(點滴)으로 사용되는 링게르액은 생리적 식염수라고 불린다. 심지어는 태평양전쟁 때, 일본 국내에서 기름이 바닥나자, 어떤 맹랑한 사람이 해수에다 물감을 섞어, 기름이라 속여 팔아 한탕을 쳤다는 기막힌 얘기도 있다.

어떻든, 이와 같이 바다와 우리와의 관계는 여러 가지 의미에서 관계가 깊다. 그러나 우리는 과연 바다에 관한 일을 잘 알고 있을까? 대답은 부정적이다. 왜냐하면 우리 인간은 뭍에서 생활을 영위하며, 바다에 대해서는 그것의 극히 작은 일부분, 윗면만 바라보고 있을 뿐이기 때문이다. 바닷속에는 뭍에서는 상상조차도 못할 세계가 있다. 뜻밖의 희한한 일도 많고, 재미있는 일도 많다.

바다의 연구에만 전념하고 있는 과학자들에게, 꼭꼭 챙겨 두었던 재미있고 유익한 얘기를 써 주십사고 부탁하여 엮은 것이 이 책이다. 고교생이나 일반인들도 이해할 수 있도록 쉽게 설명하기로 했다. 한 가지 항목을 10분쯤이면 읽을 수 있게 짤막짤막하게 배려했다. 그러나 그 내용만은 해양국 일본의 제일선 과학자들이 온갖 정성을 다하여 진지하게 쓴 읽을거리이다. 즐기면서 바다의 실태를 알아 주었으면 한다.

SF의 효시의 하나로 꼽히는 베르느(J. Verne)의 『해저 2만 리그』(1 리그(league) = 약 3마일)라는 것이 있다. 이 책이 씌어

졌던 19세기의 바다의 세계는 바로 낭만의 세계였다. 마치 별
나라의 세계처럼——. 이것은 지금에 있어서도 변함이 없다.
그러나 낭만의 추구뿐만 아니라, 우리의 생존과 생활에 현실적
으로 깊은 관계를 맺고 있는 바다를 우리는 좀더 잘 알아야 할
필요가 있다. 이 책은 이런 면에서도 큰 도움이 될 것이라 믿
는다.

1. 육지 뒷면에 생기는 바다

일본열도와 아시아대륙 사이에는 동해(일본해)와 동지나해가 가로 놓여 있다. 동해 해저는 두터운 퇴적층으로 덮여 있고, 수심은 최대 3,000 m정도이나 이 두터운 퇴적물을 걷어냈을 경우의 수심은 6,000 m정도로 북서 태평양의 수심과 거의 같다. 그리고 동해에서의 지각의 두께는 10 km이내라고 하며, 수심이 깊고, 지각이 엷은 바다의 구조를 하고 있다.

이 밖에도 일본열도와 같은 도호(島弧)의 대륙쪽에 대양(大洋)과 같은 성격을 지닌 바다를 수반하는 예를 종종 볼 수 있다. 예컨대 일본 근해에서는 이즈(伊豆), 오가사와라해령(小笠原海嶺) 배후에는 시코쿠해분(四國海盆)이, 마리아나해령 배후에는 마리아나트로프(해분)가 위치하고 있다. 또 남태평양의 통가·케르마덱(Tonga-Kermadec)해령에는 라우(Lau)해분이 있다. 이들 해분은 도호의 배후에 위치하고 있으므로 배호해분(背弧海盆)이라고 불린다.

❖ 배호해분의 형성

대한반도와 일본열도 사이는 지금은 동해가 가로 놓여 있지만, 옛 지층으로부터는 이 두 육지가 연속되어 분포해 있었던 것으로 생각되는 증거가 발견되고 있다. 또 동해의 형성년대는 지구자기의 줄무늬모양(해양저의 상부를 구성하는 현무암 속에 포함되는 자철광 등의 강자성 광물에 기억된 지구자기장의 방향이 시대에 따라서 역전함으로써 생긴다)으로 미루어 보아서 약 3천만년 전 이후일 것이

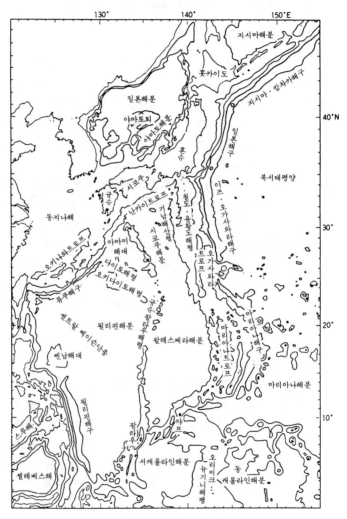

그림 1 북서태평양의 배호해분

라고 생각된다.

그러나 대한반도나 일본열도에도 앞에서 말한, 과거에는 대한반도로부터 일본열도까지 하나로 이어져서 분포해 있던 지층처럼, 3천만년 전의 지층을 수많이 볼 수 있으므로, 동해는 육지적인 구조(陸的構造)를 갖는 대한반도와 일본열도 및 연해주(沿海州) 사이에 새로이 형성된 바다라고 생각할 수 있다. 이같은 배호해분의 형성은 다음의 사이클로서 이해할 수 있다(그림2).

맨 첫단계는 대륙의 리소스피어(lithosphere)와 중앙해령(中央海嶺)에서 형성된 해양 리소스피어가 아스세노스피어(asthe-nosphere) 위에 얹혀 있고, 대륙과 해양의 리소스피어의 경계에 해구(海溝)가 형성되어 있지 않는 상태이다. 이 상태는 해양의 리소스피어가 대륙의 리소스피어에 떠밀림으로써 보다 가벼운 아스세노스피어 위에 떠있는 중력적으로 불안정한 상태라고 말할 수 있다. 이 단계는 동해와 아시아대륙의 경계에서 현재도 볼 수 있다.

그런데 대륙 리소스피어는 해양 리소스피어보다 방사성 열원을 더 많이 갖고 있기 때문에 평균적으로 온도가 높고 비중이 작으며, 더구나 연한 것이라고 생각된다. 따라서 보다 무겁고 단단한 해양 리소스피어가 그림(b)에서처럼 대륙 리소스피어 밑으로 낮은 각도로 빠져 들어가게 된다. 이같이 해양 리소스피어가 빠져 들어갈 적에 양자가 접하는 면에서 마찰열이 생겨서, 빠져드는 해양 리소스피어 윗면의 물질이 융해하여 마그마가 발생한다.

또 해양 리소스피어가 계속해서 가라앉아 가면 그림(c)처럼 대륙 리소스피어의 하부에는 대량의 융해물질이 축적되고, 끝내는 대륙 리소스피어의 가장자리에 균열(龜裂)이 생겨서, 거기서부터 대량의 융해물질이 꿰뚫고 들어와서 육지의 배후에 새

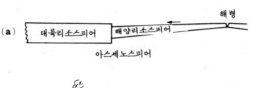

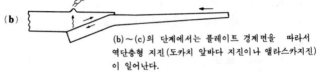

(b)~(c)의 단계에서는 플레이트 경계면을 따라서 역단층형 지진(도카치 앞바다 지진이나 앨라스카지진) 이 일어난다.

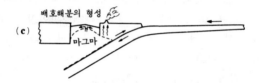

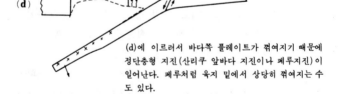

(d)에 이르러서 바다쪽 플레이트가 꺾여지기 때문에 정단층형 지진(산리쿠 앞바다 지진이나 페루지진) 이 일어난다. 페루처럼 육지 밑에서 상당히 꺾여지는 수 도 있다.

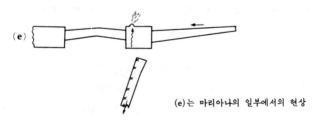

(e)는 마리아나의 일부에서의 현상

그림 2. 배호해분의 형성 모형

로운 배호해분이 형성된다. 배호해분이 형성된 뒤에도 해양 리소스피어가 여전히 빠져 들어가는 경우에는, 양자가 접하는 면에서의 마찰력은 용해물질의 형성 때문에 아주 작아진다.

이 단계가 되면 여태까지 대륙 리소스피어에 떠받쳐져 있음으로써, 보다 가벼운 아스세노스피어 위에 유지되어 있던 상태가 무너지고, 본래의 중력적 불안정 상태로 빠져들게 된다. 즉 그림(d)처럼 해양 리소스피어는 빠져 들어간 부분에 질질 끌려 가듯이 하여 굴절되어 버린다. 그리고 이 상태가 더욱 진행되면 그림(e)에서 보듯이 해양 리소스피어는 갈라져 나가고, 침강이 생기지 않는 그림(a)의 상태로 되돌아 가게 된다.

❖ 되풀이되는 해분의 형성

이 모델에 따르면 한 개의 도호에 대해서 한 번만이 아니라 여러 번의 배호해분의 형성을 생각할 수 있다. 예를 들면 마리아나해령의 배후에는 서쪽 아시아대륙으로 향해서 마리아나트로프, 서마리아나해령, 팔레스베라해분 그리고 서필리핀해분 등 해령과 해분이 되풀이하여 차례로 줄지어 있다.

각 해분으로부터 보링으로 굴착된 현무암의 동위체 연대(同位體年代)를 조사해 보면, 서필리핀해분, 팔레스베라해분, 마리아나트로프의 차례로 새로와진다. 또 지구자기 무늬로부터 얻어지는 연대조사에서도 역시 같은 결과를 나타낸다. 한편 해령은 모두 옛날에는 도호(島弧)이었으며, 그 활동이 정지된 연대는 서쪽의 것일수록 오래되었고, 가장 동쪽의 마리아나해령은 지금도 활동하고 있다. 이상의 사실은 최초에 서필리핀해분이 형성되고, 다음에 팔레스베라해분 그리고 마리아나트로프의 순으로 되풀이하여 배호해분이 형성되었다는 것을 가리키고 있다.

그런데 배호해분은 대륙의 가장자리 또는 도호가 갈라져서 형성되는 것만이 아니고, 다른 성인(成因)에 의한 것도 있다. 그 예로서 베링해분을 들 수 있는데, 이 해분은 옛날에는 태평양 과 연속된 바다였는데, 그 후 알류산해구가 그 사이를 가로질 러 형성되었기 때문에 현재는 두 개의 바다로 분할된 것이라고 생각된다.

태평양의 서쪽이나, 북쪽 가장자리에는 이같은 배호해분을 볼 수 있는 것이 보통인데, 이상하게도 동쪽 가장자리에는 없 다. 멕시코나 과테말라의 서해안 앞바다에는 중미해구(中美海 溝)가 있고 멕시코에는 팔리쿠틴 등의 화산렬이 있다. 남미의 태평양쪽에는 페루·칠레해구가 있고, 육상에는 안데스산맥을 따라서 활화산이 늘어서 있다. 그러나 태평양을 면한 것은 거 대한 대륙이고 일본열도나 마리아나와 같은 도호(島弧)가 아니 다.

아메리카대륙의 훨씬 동쪽에는 대서양이 있으므로, 이것을 배호해분의 일종이라고 말할 수 없는 것은 아니지만, 동해나 필 리핀해와는 너무나 스케일이 틀린다. 그래서 태평양 동쪽에는 배호해분이 없다고 말해야 하겠는데, 왜 동과 서에서 이런 차 이가 있을까? 그 답은 아시아대륙은 태평양에 대하여 정지해 있거나, 근소하게나마 서쪽으로 후퇴해 있어서, 가장자리를 따 라서 균열이 생기기 쉽지만, 아메리카대륙은 대서양의 확대에 따라서 태평양을 향해서 전진해 오고 있기 때문에, 배호해분이 형성되기 어렵다는 점이다. 예외적으로는 칼리브해(소안틸호의 배 호해분)과 남미의 남단, 포클랜드섬 근처의 스코티아해분인데, 이 둘은 대서양의 배호해분이라고 간주되고 있다.

2. 일본열도 배증(倍增)의 꿈

일본열도는 북은 홋카이도(北海道)에서부터 남은 오키나와제도(沖繩諸島), 이즈(伊豆)·오가사와라제도(小笠原諸島)에 이르는 많은 섬들로 구성되어 있다. 이들 섬의 태평양쪽은 해구(海溝) 또는 트로프라 일컫는 해저지형이 깊은 곳이 있다. 예컨대 혼슈(本州)에는 일본해구(日本海溝)와 남해트로프가, 오키나와제도에는 류큐해구(琉球海溝)가, 그리고 이즈·오가사와라제도에는 이즈·오가사와라해구가 있다.

세계의 많은 섬들이 이같은 해구를 따라서 호상(弧狀)으로 배열되어 있고, 이것들은 "도호(島弧)", 또는 "호상열도(弧狀列島)"라고 불린다. 이 호상열도에는 과거에 심해저를 형성하고 있었을 터인 화성암이나 퇴적암 또는 화산섬에 유래하는 것으로 생각되는 암석이 흔히 존재한다. 이 심해저로부터 도호로의 물질의 이동이라는 불가사의한 현상에는 해구가 중대한 역할을 하는 것이라고 생각되고 있다.

❖ 해구에서의 해양 플레이트의 침강

지구 표면은 여러 개의 "플레이트"라고 불리는 단단한 암반으로 덮여 있고, 이들은 그 지역의 이름을 따서 태평양플레이트, 유라시아플레이트, 필리핀해플레이트 등으로 명명되어 있다. 해역을 형성하는 플레이트와 육지의 플레이트에서는 그 물성(物性)에 차이가 있으며, 해양 플레이트는 육지의 것과 비교하면 단단하고 무거운 경향이 있다.

이 플레이트를 추적해 보면, 예컨대 태평양플레이트는 남미 서쪽에 위치하는 해저 대산맥── 동태평양해팽(海膨)에서 형성되어, 그 서쪽 절반은 일본을 향해서, 또 동쪽 절반은 칠레로 향해서 연간 8cm정도의 속도로 이동하고 있다. 일본으로 향하고 있는 태평양플레이트는 어느 지점에서 일본열도가 올라타고 있는 육지 플레이트와 부딪힌다. 이 양자가 부딪혀서 서로 떼밀고 있는 장소가 일본해구(日本海溝)이다.

육지의 플레이트와 해양의 플레이트가 서로 밀치고 있는 경우에는 보다 비중이 크고, 보다 단단한 해양 플레이트가 육지 플레이트 밑으로 낮은 각도로서 빠져들게 된다. 그리고 이 해양 플레이트의 침강에 수반하여 육지 플레이트도 끌려가게 된다. 그러나 어느 시기가 되면 육지 플레이트가 원상으로 되돌아 가려고 반발하게 되고 이때 지진이 일어난다. 또 두 플레이트 사이에서는 마찰열이 발생하여 이것이 도호에서의 화성활동(火成活動)을 일으키는 것이라고 생각되고 있다.

❖ 해구에서의 도호와 육적 지괴의 충돌

그런데 해양 플레이트는 균일하고 언제나 육지 플레이트와 비교해서 비중이 크고 단단한 것은 아니다. 곳에 따라서는 육지적인 구조를 갖는 대규모의 융기(隆起)가 있으며, 해대(海台), 해팽(海膨), 해산렬(海山列), 군(群) 또는 해령(海嶺)이라 불리는 지형을 형성한다.

태평양플레이트에서는 샷스키(Shatsky)해팽, 헤스(Hess)해팽, 마젤란(Magellan)해팽, 마니히키(Manihiki)해대, 온통·자바(Ontong·Java)해대, 하와이·천황해산렬 등이, 또 필리핀해 플레이트에서는 규슈(九州)·팔라우해령, 아마미(奄美)해대가 여기에 해당한다. 이들의 융기는 언젠가는 플레이트의 이동에 수반하여 해구에 도착할 것으로 생각되며, 예컨대 아마미해대

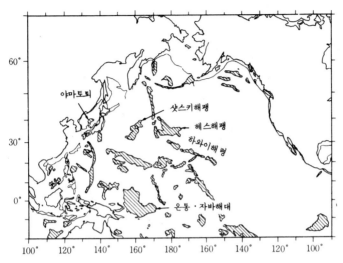

그림 1　태평양에서의 육적 지괴를 갖는 지형적인 융기의 분포
[Nur & Ben-avraham, 1983에서]

는 벌써 그 서쪽 끝이 류큐해구에 접해 있다.

그리고 이같은 대규모의 융기는 육지 플레이트와 유사한 비중을 갖고 있기 때문에 해구축(海溝軸)으로는 침강할 수 없어서 도호와 육적 지괴(陸的地塊)와의 충돌이 일어난다. 이 충돌에 의해서 해구가 소멸되고, 육적 지괴는 해양 플레이트로부터 도호에 첨가되어 버린다. 또 첨가된 육적 지괴와 도호의 경계부위 부근에서는 맹렬한 융기(隆起)운동이나 습곡(褶曲)운동을 볼 수 있다.

이를테면 이즈반도(伊豆半島)는 과거, 현재의 위도보다 상당히 남쪽에 위치하고 있었으나, 해양 플레이트를 타고 북상하여 혼슈(本州)에 충돌하여 첨가된 것이다. 이 충돌이 시작된 시기는 길게 보아서 약 300만년 전으로 추정되고, 이즈반도의 배후에 있는 아카이시(赤石)산맥에서는 맹렬한 융기운동을 지금도

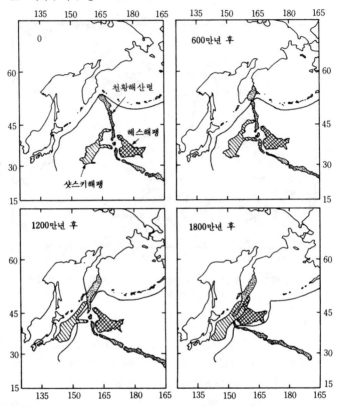

그림 2 북서 태평양에서 앞으로 예상되는 충돌첨가현상 [Nur & Ben-avraham 1983에서]

볼 수 있다. 이것은 이즈반도와 혼슈와의 충돌에 의해서 일으켜진 것이라고 생각된다.

❖ 히말라야를 만든다

이같은 충돌첨가는 대륙과 대륙의 경우에는 더욱 대규모의 것이 된다. 그 대표적인 것이 인도아대륙의 아시아대륙에의 충돌첨가이다. 과거 인도아대륙은 아시아대륙의 일부가 아닌 훨씬 남쪽에 위치하여 오스트레일리아대륙 및 남극대륙과 함께 하나의 커다란 대륙의 일부를 구성하고 있었다. 이 남방대륙과 아시아대륙 사이에는 광대한 해양이 가로 놓여 있었고, 인도아대륙을 제외한 아시아대륙의 남쪽 가장자리에는 해구가 존재하고 있었다.

지금으로부터 약 1억년 전에 이 커다란 대륙으로부터 인도아대륙이 분열하여 북상을 시작하여, 마침내는 아시아대륙에 충돌첨가된 것이다. 세계에서 가장 높은 에베레스트산을 비롯하여 8,000m를 넘는 산들이 연이은 히말라야산맥은, 이 인도아대륙의 충돌 때문에 생긴 융기운동에 의해서 형성된 것이다.

❖ 열도 배증계획?

이같은 육지적 지각의 해구에서의 충돌첨가는 앞으로도 일어날 것으로 생각되는데, Nur는 일본열도를 중심으로 한 북서태평양의 미래상을 그림 2처럼 예상하고 있다. 그의 생각으로는 앞에서 말한 태평양에 다수 존재하는 대륙지각과 유사한 구조를 가진 대규모의 융기의 대부분은, 인도아대륙과 마찬가지로 1억년 전에는 남쪽에 존재하고 있던 큰 대륙의 일부를 이루고 있었는데, 그 후 모자이크모양으로 분열되어 현재 태평양에 흩어져 있는 것이다. 따라서 현재와 같은 방향, 같은 속도로 태평양플레이트가 일본열도쪽으로 이동한다고 하면, 북서 태평양의 샷스키해팽은 1,200만년 후에는 일본열도에 첨가되고, 이어서 1,800만년 후에는 헤스해팽이 첨가하게 된다. 이렇게 되면 일본열도의 면적이 2배 내지 3배로 늘어날 것이 추측되지만, 아주 먼 미래의 일이어서 20세기 말의 우리로서는 꿈과 같은 이야기이다.

3. 바다 속의 육지(1)—해대(海台)

❖ 바다란? 육지란?

지구 표면은 지형상 바다와 육지의 둘로 크게 나뉘어진다. 지구물리학의 지식을 사용한다면 다시 바다와 육지를 지각구조에 따라서 구별하고 있다. 즉 대륙에 있어서의 지각의 두께(지표로부터 맨틀까지의 거리)는 30~50 km이며, 그것들은 그림 1에 보였듯이 상부로부터 퇴적암층, 화강암층 및 반려암층(斑糲岩層)으로부터 구성되어 있다.

한편, 수심이 5,000~6,000m의 평탄한 심해에 있어서의 지각의 두께는 10 km가 채 안 되는 것이 일반적이고, 그것들은 상부로부터 퇴적암층, 현무암층 및 반려암층으로 구성된다. 따라서 「지각이 두껍고 더구나 화강암층이 존재하는 지역」이 육

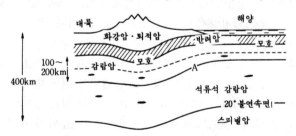

점선 : 반려암-유휘암 전이면
A곡선 : 감람암-석류석 감람암 전이면
검은 부분은 유휘암의 포켓

그림1 해양과 대륙의 지구 상층부의 구조 차이〔쓰보이(坪井忠二), 1966에서〕

지이며, 「지각이 엷고 화강암층을 갖지 않는 지역」이 바다라고
하게 된다.

이 지각구조로부터 얻어지는 바다와 육지의 경계는 해안선과
는 일치하지 않고, 환태평양(環太平洋)처럼 대륙 연변지역에
해구(이를테면 일본해구)가 발달하는 지역에서는 해구가 그 경계
가 된다. 또 대서양과 같이 그 주변에 해구를 거의 볼 수 없는
지역에서는, 수심이 5,000~6,000m의 평탄한 해저면으로부
터 수심이 200m 전후의 대륙붕에 이르는 사면(斜面, 대륙사면이
라 부른다)에 그 경계가 있다.

❖ 해대

심해저는 반드시 평탄한 지형뿐만 아니라 해대, 해팽, 퇴(堆),

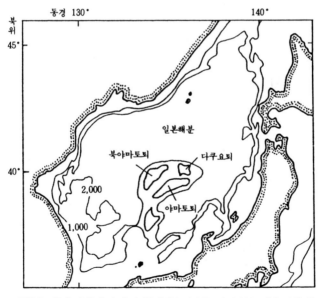

그림 2 동해 속의 육적 융기 (등심선은 1,000m와 2,000m만을 보였다)

혹은 해령이라고 불리는 대규모의 융기가 있다. 이들 지형적인 융기는 인공 지진관측이나 드레지 등의 바닥질 조사(底質調査) 등에서 육지적 지각(地殼)을 갖는 것과 해양적 지각을 갖는 것으로 나뉘어진다. 인공지진(다이나마이트 등으로 인위적으로 발생시킨 진동)이나 자연지진의 종파(縱波, P파)의 전파(傳播)속도는 화강암층은 5.5~6km/초, 반려암층에서는 6.0~7.0km/ 초로서 이 차이로부터 육지적 지각과 해양적 지각을 알 수 있다.

동해의 중앙부에서 볼 수 있는 해저의 융기는 야마토퇴(大和堆), 북야마토퇴, 다쿠요퇴(拓洋堆) 등으로 불리며, 가장 깊은 부분은 수 100m보다 얕기 때문에 좋은 어장으로 되어 있다. 그 아래의 지각의 두께는 22km나 되어 해양지각의 배 이상의 두께인데다가, 정상 가까이에서는 화강암질의 암석이 있는 것으로 보아 육지적인 지각을 가졌다는 것을 알 수 있다. 다만 육지적인 지각을 갖는 것에서도 그 성인(成因)은 두 가지가 있다고 생각된다.

❖ 판게아대륙의 후예

한쪽 예로는 뉴질랜드와 오스트레일리아 중간의 로드·하우 해팽, 영국 서쪽의 록크올해대, 대서양 남서단의 포클랜드해대, 아프리카대륙 희망봉 동쪽의 인도양에 있는 모잠비크해대, 다시 마다카스칼섬 북동의 세이쉘해대 및 사야·더·마하루퇴 등은 인공 지진관측의 결과로서는 맨틀까지의 깊이가 30km에 달하고, 육지와 같은 정도의 지각의 두께를 볼 수 있다. 또 록크올해대나 세이쉘해대가 해면 위에 모습을 드러내고 있는 록크올섬이나 세이쉘제도에는 화강암이 노출되어 있다. 따라서 이들의 지형적인 융기는 분명히 해양지각에 남겨진 육지의 지괴(地塊)라고 생각된다.

그러면 왜 이같은 소규모의 육지의 지괴가 대양 속에 존재하

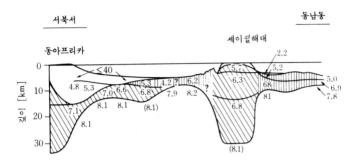

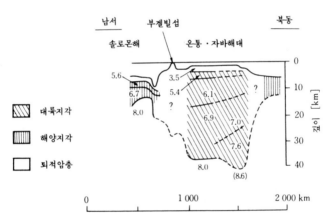

그림3 대륙편과 대양성 해대의 지각 구조[Nur & Ben-avraham 1983에서]

는 것일까?

그것은 해양저의 형성에 원인이 있다고 생각되고 있다. 예를 들면, 대륙이동설에 의하면 현재의 대서양은 태고적부터 존재하고 있었던 것이 아니라, 약 1억 8천만년 전 판게아(Pan-gaea)라고 불리는 초대륙(현재의 남북 아메리카대륙, 유라시아대륙, 아프리카대륙이 한덩어리가 된 대륙)이 분열하여 형성된 것이라고 생각되고 있다. 그리고 해양의 지각은 분열된 대륙과 대륙의 중간을 메우는 것으로서 새로이 탄생한 것이다 (제1권-9.「해저는 움직인다」참조). 이와 같이 대륙이 분열할 때에 새로이 형성되는 해양의 지각 속에, 그 대륙의 단편이 흡수된 채로 보존된 것이 현재 관찰되는 육지적인 지각을 갖는 해대 (海台)인 것이다.

이런 사실은 앞에서 말한 세이쉘제도에서 볼 수 있는 화강암이 아프리카대륙에서 볼 수 있는 화강암과 같은 것이라고 생각되는 점 등에서 검증되어 있다.

❖ 수몰된 도호

또 하나의 예는 아마미오시마 (俺美大島)로부터 약 200km 동쪽의 아마미해대 (俺美海台), 규슈 (九州)로부터 팔라우섬까지 남북으로 2,000km쯤의 길이를 갖는 규슈·팔라우해령, 다시 그 동쪽으로 거의 평행으로 달리는 서마리아나해령 등이다. 이들의 지형적인 융기는, 본래 일본열도와 같이 화산활동이나 지진활동이 활발하고, 활모양의 형태를 하고 있으며, 또 그 앞면에 해구를 갖는 "도호 (島弧)"라고 불려지고 있었던 것이라고 간주되고 있다.

이 도호는 원래 해면 위에 얼굴을 드러낸 호상 (弧狀)으로 늘어선 섬들이었으나, 그것이 중심 부근에서 2개로 분열하고, 그 중간에 새로운 해양지각 (배호해분이라고 불린다)이 형성되었다. 분열한 것 가운데서 해구에 가까운 것은 맹렬한 화산활동과 지진활동을 볼 수 있고 도호의 성질을 잃는 일이 없다. 그러나 다른 한쪽의 섬들은 도호의 활동이 끝나고 시간의 경과와 더불어 수몰되어 간다. 이렇게 수몰된 것은 고도호 (古島弧)라고 불리며, 앞에서 말한 아마미해대나 규슈·팔라우해령에 해당하는 것이라고 생각된다. 이런 사실은 도호형 화성 (火成)활동에 수반하는 안산암 (安山岩)이나 화강섬록암 (花崗閃綠岩)이 이들 융기로부터 드레지로나 보링에 의해서 채취되고 있는 점, 또 인공

지진탐사나 중력 등의 조사에서는 지각의 두께가 전형적인 해양의 것과 비교하여 두꺼운 점 등의 관측 사실로부터 지지되는데, 동해 속의 야마토퇴(大和堆) 등도 그런 것의 한 예이다.

4. 바다 속의 육지(2) — 대륙붕

대륙의 주변에는 대륙붕(大陸棚)이라고 불리는 비교적 평탄하고 얕은 해역이 있다. 지형적인 정의로서 더욱 정확히 말한다면 해안선으로부터 해저면의 경사가 급격히 변환하는 지점까지의 해역이 된다. 이 대륙붕 바깥 가장자리의 수심은 수10m에서부터 때로는 수100m가 되는 일도 있으나, 평균적으로는 약 130m 정도로 비교적 일정하다고 한다. 또 해안으로부터의 폭은 평균 7~8km쯤이지만, 곳에 따라서는 동지나해(東支那海)나 순다해처럼 아주 넓은 곳도 있다. 대륙붕 표면에는 다소의 들쭉날쭉이 있으나 평균 경사도는 0.1도 미만(1,000m 에서 불과 1.7m가 낮아질 정도의 기울기)으로, 매우 평탄한 면을 형성하고 있는 것은 무척 놀라운 사실이다.

❖ 대륙붕은 바다냐? 육지냐?

대륙붕은 일반적으로 대륙의 성질을 갖는 지각 위에 존재하기 때문에 지구과학자들이 보통으로 쓰는 「뭍」 또는 「바다」라는 단어에서는 완전히 육지쪽에 속하는 부분이기도 하다. 이 책에서도 이미 설명했듯이(3.및 제1권 참조), 대륙과 해양의 지각에는 본질적인 차이가 있고, 그 경계는 해안선이 아니라 대륙붕의 바깥 가장자리에서부터 심해의 평탄면까지에 이르는 대륙사면에 있다. 대륙붕은 대륙의 가장자리 부분이 우연히 해수로 덮여진 부분이며, 기본적으로는 육지와 같은 지각구조를 가진 육지의 연장이라고 생각해야 할 해역이다.

따라서 해양저의 확대에 의해서 대륙이 이동해 버린 지역에서의 과거의 대륙의 위치나 형태를 복원시킬 때에는 현재의 대륙붕까지를 대륙으로 생각하여 계산한다. 그리고 대륙붕을 바깥 가장자리라고 생각하면, 현재의 해안선을 사용한 복원보다도 더욱 완전하게 2개의 대륙이 맞물리게 된다.

❖ 빙하가 대륙붕을 만들었다

그런데 대륙붕의 표면이 무척 평탄하다는 것과 바깥 가장자리의 수심이 비교적 일정하다는 사실 등으로부터 대륙붕은 해면수준의 상하운동에 수반되는 파랑의 침식작용이나 토사(土砂)의 퇴적작용에 의해서 형성되었다고 생각된다. 이같은 대규모의 해면수준의 상하운동은 대륙의 빙하가 빙하기에 발달하고, 간빙기(間氷期)에는 쇠퇴하는 것에 따르는 해수의 양이 변화하는 것에 의한다. 그림 1은 여러 가지 증거로부터 얻어진 과거 14만년 간의 세계의 해면수준의 변화상태를 나타낸 것이다. 해면수준이 낮은 시기는 대륙의 빙하가 발달한 빙하기에 해당한다.

약 5만년 전이 신인(新人)이 출현한 시기이며 1만 8천년 전

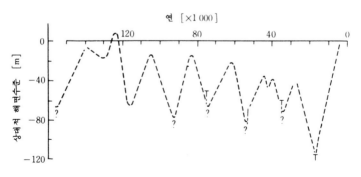

그림 1 과거 14만년간의 해면수준의 변화곡선

이 빙하가 가장 발달했던 최종 빙하시대이다. 그리고 이 때의 해면수준은 현재보다 약 120m쯤이 낮았으며, 현재의 대륙붕의 대부분은 육상에 드러나 있었다. 그 후 기후가 따뜻해지고 빙하가 녹으면서 해면수준도 점차 상승하여, 바다가 평야로 침입해 온다. 약 6,000년쯤 전에 해면수준은 현재와 거의 같은 위치에 정착되었다고 한다(제1권-6. 참조).

이 시대적으로는 구석기시대에서 조몬(繩文)시대에 해당하는 시기에 일어난 급격한 해면수준의 상승에 의해서, 해안선 부근에 살고 있던 인간들은 더 높은 고지로 자꾸 쫓겨 올라간 것으로 생각되며, 이 기억이 "노아의 홍수"로서 남겨지게 되었다고도 한다. 또 이런 사실들로부터 6,000년보다 이전의 인류 유적의 대부분은 현재의 대륙붕 위에 남아 있으리라고 예상되어 고고학(考古學)상의 중요한 과제로 되어 있다.

❖ 대륙붕의 지형적 특징

대륙붕은 수심이 얕은 탓도 있어, 조사가 비교적 쉬워서 일찍부터 상세한 연구가 이루어지고 있었다. 그리고 평탄한 표면이 많은 가운데서도 몇몇 특징 있는 지형이 알려져 있다. 그 하나에 몇 층의 단구면(段丘面)을 뚜렷이 인정할 수 있는 것이 있다. 그들 단구면의 형성원인도 현재로서는 그림 1의 해면수준의 정체기의 몇몇에 대응하는 것으로서 설명되고 있다. 또 대륙붕 표면에 매적된 "골짜기지형"이 발견되는 일도 자주 있다.

이 골짜기지형을 육지까지 추적해 가면 현재의 하천(河川)과 일치하는 일이 많다는 것으로부터 골짜기지형은 빙하기에 육상에 드러나 있던 하천의 흔적이라고 설명되고 있다. 이들의 대표적인 것으로는 도쿄만(東京灣)에 있는 옛 도쿄카와(古東京川)와 오사카만(大阪灣)의 옛 요도카와(古淀川)이며, 순다해 등에서는 보다 대규모의 예가 보고되고 있다. 최근 일본의 도아마만(富山灣)에서는 수심 40m인 곳에서 약 1만년 전의 나무가 서 있는 모습 그대로 발견되고 있는데, 이들도 해면수준의 변동을 가리키는 좋은 증거라 하겠다.

대륙붕의 표면 퇴적물은 그같은 빙하기에 하천에 의해서 운반되었거나 침식된 것의 흔적을 가리키는 것이나, 현재의 해양환경 아래서 운반되어 퇴적된 것 등으로써 이루어져 있고, 그것들이 복잡하게 조합되어 분포해 있는 것이 알려져 있다. 일반적으로 내만(內灣)이나 흐름이 작은 곳에서는 뻘과 같은 세립성(細粒性)물질이 두드러지나, 하구(河口)나 조류가 강한 곳에서는 조립성(粗粒性)물질이 많이 포함되어 있다. 또 오키나와(沖繩) 등 남쪽 섬의 대륙붕 위에는 산호초와 그 파편으로 이루어지는 대량의 석회석이 존재하여 온대지방과는 또 다른 양상을 나타내고 있다.

❖ 국제해양법에 의한 정의

대륙붕이 지니는 또 하나의 측면은 인간에게는 가장 가까운 해역이며 인간이 활약하는 터전이라는 점이다. 해저유전의 개발, 해상 해중 구축물 등 해양개발은 거의가 대륙붕 위에서 이루어지고 있다. 이들 해양개발의 기술이 진보함에 따라서 해역에 있어서도 연안국의 권리를 인정하려는 움직임이 있었고, 그런 가운데서 복잡한 문제가 생기게 되었다. 그것은 대륙붕의 정의를 지금까지는 「지형·지질학적인 특징」으로서 결정하여 사용해 왔는데, 최근에 국제해양법 조약이 개정되어 대륙붕의 정의가 대폭으로 변경되었기 때문이다.

그것은 그림 2에서 보듯이 국제해양법 조약이 정의하는 대륙붕이란

「대륙 연변부(緣邊部)의 바깥쪽 한계선이 해안선으로부터

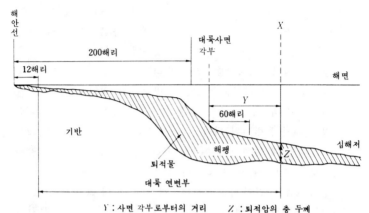

Y : 사면 각부로부터의 거리   Z : 퇴적암의 층 두께

그림 2 해양법 조약에 의한 대륙붕의 범위

200해리 이내에 있을 경우는 200해리까지를, 200해리를 초과할 경우는 해안선으로부터 350해리 앞바다 또는 수심이 2,500 m인 등심선에서부터 100해리 앞바다의 선을 초과하지 않는 범위에서, 다음의 (a)나 (b) 중의 어느 것에 의해서 결정되는 해역을 가리킨다.」

라는 것이다. 그리고

「(a)란 퇴적물의 두께 Z는 일반적으로 대륙으로부터 심해저로 향함에 따라서 차츰 얇어지는데, 그 두께 Z가 대륙사면 각부(脚部)로부터의 거리 Y에 대해서 적어도 1%인 범위」

「(b)란 대륙사면 각부로부터의 거리가 60해리인 범위」

라는 것이다.

이들은 지구과학적인 정의라기보다는 각국의 이해관계가 얽혀진 법률적인 정의라고 하겠는데, 신문 따위에서 사용되고 있는 경우 등에서는 이 두 가지를 확실히 구분하여 읽을 필요가 있을 것이다.

또 해양법 조약에 의하면 이 조약이 발효(發効)했을 때부터 10년 이내에 각 나라가 과학적·기술적 데이터를 UN의 위원회에 제출하여, 그 지역이 대륙연변부(大陸緣邊部)인 것을 증명하면, 200해리를 초과하더라도 그 나라의 대륙붕임을 인정받을 수 있다고 한다. 그 때문에 일본의 해상보안청(海上保安廳) 수로부(水路部)는 최신형 조사선을 건조하여 광범위에 걸쳐서 정확한 조사연구를 시작하고 있다. 어쨌든 이 조약에 의해서 대륙붕에 대한 조사활동이 가속화되고 그와 더불어 많은 새로운 발견이 이루어질 것이 기대되고 있다.

5. 해산(海山)과 기요(Guyot)

❖ 바다 속의 점과 선

심해저는 결코 평탄한 면이 아니며 군데군데에 독립된 산이 솟아 있고 이것들은 해산(海山)이라고 불린다. 그것들의 대부분은 거의가 옛날에는 하와이섬과 같은 화산섬이 해몰(海沒)한 것이거나, 또는 해면까지 올라오지 못한 해저화산이었다고 생각되고 있다. 또 대양에 흩어져 있는 해양섬(海洋島, 비키니섬, 마쥬로섬 등) 역시 옛적에는 화산이었을 것이라고 생각된다. 이들 해산과 해양섬의 어떤 것은 선모양으로 배열하여 선상해산렬(線狀海山列) 또는 선상제도렬(線狀諸島列)이라고 불린다. 예컨대 미크로네시아의 마샬제도, 길버트제도, 캐롤라인제도, 또 폴리네시아의 라인제도, 소사이어티제도, 나아가 하와이·천황해산렬(天皇海山列)이 이것에 해당한다.

❖ 기요(Guyot)란?

하와이섬의 서남서쪽에서는 해저의 지형이 전반적으로 높아져 있고 중부태평양 해산군(海山群)이라고 불린다. 그 완만한 융기의 군데군데에 해산이 있는데, 그 중의 어떤 것은 정상이 평탄하다. 이것을 처음 발견한 것은 헤스(H. Hess)인데, 그 바탕이 된 자료는 2차대전 중 그가 선장으로 있던 수송선에서 음향측심기(音響測深機)로 잡은 해저 지형기록이었다.

그는 1946년에 정상이 평탄한 해산에 대해서 기요(Guyot)라고 명명했는데, 이것은 헤스가 소속하고 있던 프린스턴대학

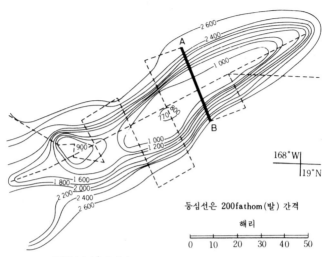

그림 1 (a) | 호라이즌 기요의 수심도〔Hamilton, 1956에서 〕

등심선은 200fathom(발) 간격

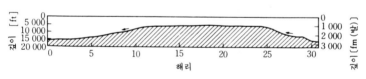

그림 1 (b) 호라이즌 기요의 단면도〔Hamilton, 1956에서〕

의 지리학교실의 창립자인 기요(A. Guyot)에 유래하고 있다. 그
후 기요는 중부 태평양 해산군뿐 아니라 태평양 서해역 등에
서도 많이 발견되었다. 그림 1에 보인 해저지형도 및 단면도는
중부 태평양해산군의 동쪽 끝에 있는 호라이즌(Horizon) 기요
이다. 일반적으로 기요의 평탄한 정상은 1,000~2,000m의 수
심에 위치하고, 심해저로부터의 높이로 보면 3,000~4,000m에
이른다. 또 그 산기슭까지 포함한 장경(長徑)이 100km를 넘
는 것도 많은 것으로부터 그 규모가 일본의 후지산(富士山)을

능가하는 것이라고 한다.

❖ 기요의 형성

하밀턴(E. Hamilton)은 중부 태평양해산군의 기요에서 채취한 바닥질(底質)을 연구하여 다음의 결과를 얻었다.

(1) 해산의 정상 및 그 부근에서는 감람석, 현무암이 풍화하여 둥글게 마모된 자갈과 모래 및 둥글게 마모된 석회입자가 많다.

(2) 이들 자갈이나 입자는 흑색의 엷은 외피(外被, 주로 이산화망간)를 덮어 쓴 것도 있다.

(3) 남쪽 나라의 섬들에서 볼 수 있는 조초성(造礁性) 산호의 파편을 자주 볼 수 있다.

(4) 부유성 미생물의 화석이 많다. 이들은 백악기 말기(약 8천만년 전)부터 현재의 것까지 볼 수 있다.

(5) 백악기 중기에서부터 후기(약 1억 1천만년 전～9천만년 전)의 온화한 기후의 얕은 바다에서 서식하는 대형 화석이 많이 있다.

그는 위의 결과를 기초로 다음과 같은 기요의 형성과정을 추정했다.

(1) 기요는 약 9천만년 전에는 그 정상이 해면 위에 돌출해 있었으며, 주로 감람석 현무암으로 이루어진 화산섬이었는데, 파랑에 의한 침식으로 그 정상부가 평탄하게 되었다.

(2) 평탄하게 된 정상부에는 조초성 산호가 발달했으나 9천만년～8천만년 전의 어느 시기에 어떤 이유로 급속히 해수면이 높아져서 조초성 산호가 살 수 있는 한계수심인 100 m를 넘어 버렸다.

(3) 그 이후 조초성 산호는 성장할 수 없게 되어, 현재까지 침강이 진행되고 있다.

❖ 해산(海山)의 성인

앞에서 말한 선상제도열(線狀諸島列)의 지형 및 각 지점에서
채취된 화석에 의한 연대측정에 바탕하여 윌슨(J. T. Wilson)은
1963년에 해산·해양섬(海山·海洋島)의 화성활동(火成活動)에
대하여 다음과 같은 주장을 발표했다. 이에 따르면 서북서 방
향으로 배열된 열(예컨대 하와이열)은 용암의 발생지점이 서북서
방향으로 연간 약 8 cm의 속도로써 이동하는 두께 약 100 km
의 단단한 판(태평양 플레이트라 불린다)보다 깊이 한 점에 고정되
어 있다. 따라서 서북서 방향으로의 플레이트의 이동궤적으로
서 서북서 방향으로 배열한 해산렬(列)이 형성되게 된다(제 2권
-1. 및 2권 -2. 참조).

해산이나 기요의 침강 원인으로서는 다음과 같은 메커니즘도
생각되고 있다. 해저는 중앙해령에서 생겨서 조금씩 깊이를 더

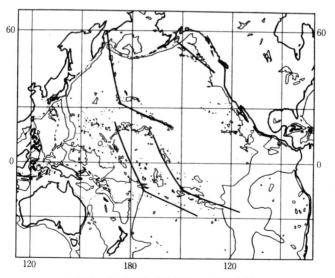

그림 2 핫 스폿의 궤적[Wilson, 1963에서]

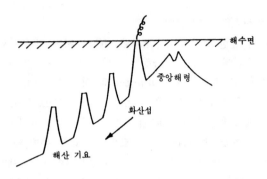

그림3 해산·기요의 생성

해 가면서 옆으로 움직이고 있다는 것은 이미 이야기했지만(제 1권-9. 참조), 이때 중앙해령 바로 곁에 분화가 일어나서 화산 섬을 만든다면 그 운명은 어떻게 될까?

섬을 만들 만한 화산활동은 고작 수만년에서부터 수십만년 으로 끝나 버리기 때문에 그 정상은 파도에 씻겨서 평탄해질 것 이다. 더욱 세월이 지나가면 섬도 주위의 해저와 더불어 침강 하고, 산정은 해면 밑에 깊이 가라앉아 버릴 것이다(그림3). 태 평양의 해산과 기요 중에서 핫 스폿(hot spot)에 기원하는 이 외의 것은 이렇게 하여 생긴 것이라고 생각되고 있다.

6. 산으로 오르는 물고기들

❖ 어장의 특색

세계의 주요 어장은 수심이 200m보다 얕은 대륙붕 위로서 난류와 한류가 부딪치는 곳에 형성되어 있다. 이것은 상하층의 해수교반(海水搅拌)이 잘 이루어지고, 영양염이 풍부한 한류가 난류의 에너지를 얻어 생물 생산의 기초가 되는 플랑크톤이 증식하며, 물고기가 모여 들기 때문인 것은 잘 알려진 사실이다. 일본에서는 죠시(銚子) 앞바다에서부터 산리쿠(三陸) 앞바다, 동해 중북부가 좋은 어장으로 되어 있다.

이 밖에 육수(陸水)와 연안수, 연안수와 앞바다 물의 접점도 좋은 어장이 되는데, 또 하나의 좋은 어장은 "용승류(湧昇流)" 가 일고 있는 곳이다. 이 용승류는 해저의 지형과는 직접적인 관계없이 생기는 수도 있지만, 보통은 섬 주위나 바다 속에 있는 큰 해산에 해류가 부딪쳐서 분출되어 일어난다.

해저 부근의 해수는 여러 가지 침전물을 기원으로 하는 풍부한 영양염을 갖고 있으며, 이것이 표층으로 올라와 태양광선을 받아 수온이 상승하고, 플랑크톤을 증식시켜서 좋은 어장이 되는 것이다. 일본 근해에도 동해에 있는 야마토퇴(大和堆), 이즈(伊豆) 앞바다의 제니즈(錢州), 기낭초(紀南礁), 류큐소네 등 약 30개의 큰 해산초(海山礁)가 있고, 그 중에는 2,000m 이상의 높이를 가진 해산(海山)도 알려져 있다. 또 십수년 전부터 유망 어장(有望漁場)으로서 주목되기 시작한 북태평양 중부의 미드웨이섬 북방에 있는 진무(神武), 스이코(推古), 닌토구

(仁德) 등의 고대 일본 천황의 이름을 딴 천황해산열도도 유명한 해산어장으로 되어 있다.

❖ 해산 부근에서 잡히는 물고기

해저지형의 명칭은 1952년 모나코 국제수로회의 이후 상당히 세밀하게 분류되어 있고, 정확한 뜻으로의 해산이란 「심해 바닥에서부터 약 1,000m 또는 그 이상의 고립된 융기부를 말한다」라고 되어 있어, 말하자면 "뿌리(根)"라든가, "여울(瀨)" 이라고 불리는 것의 큰 것이라고 말할 수 있다. 큰 해산에서는 그 정상의 평탄한 부분의 길이가 100 km 이상이나 되어서 거기서 트롤어업이 가능한 곳도 있다. 즉 해산은 초대형의 천연 어초(魚礁)라고도 할 수 있으며, 그 표층부에서는 가다랭이, 참다랑어, 새치, 고등어, 전갱이, 정어리, 오징어류가 다량으로 어획된다.

이를테면, 스루가만(駿河灣)입구의 중앙부에는 예로부터 알려져 있는 2,000m급의 세노우미(石花海)라고 불리는 해산이 있는데, 수심 200m보다 얕은 부분의 면적이 불과 100 km²인 이 어장에서도 실로 연간 3만 톤의 어획을 올리고 있다. 3만 톤이라고 해도 실감이 나지 않을는지 모르나 1 km² 당 300 톤으로서, 이 양은 일본 연안어장의 평균이 1 km² 당 10 톤, 좋은 어장이라고 말하는 세도나이카이(瀨戶內海)가 20 톤 전후이므로 얼마나 훌륭한 천연 어초어장(天然魚礁漁場)인가를 알 수 있을 것이다. 최근에 이같은 해산이 새로운 형태로 재검토되고 있다. 지금까지는 위에서 말한 가다랭이, 참다랑어, 전갱이와 같은 해산 위의 표층에 모여 드는 물고기만 주로 잡고 있었으나, 최근에는 해산의 산기슭에서부터 정상 부근에 걸쳐서 서식하는 말하자면, 해산의 산주(山主)를 잡는 어업이 일기 시작하고 있다.

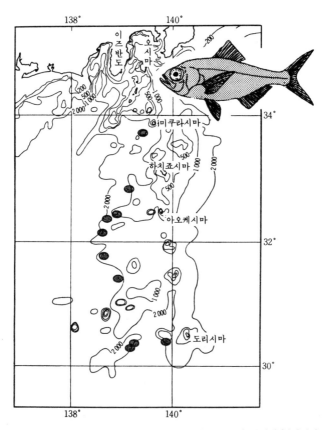

그림 1 이즈 남쪽 앞바다 해역에 산재하는 해산과 금눈돔의 주어장〔가나카와 수산시험장 자료 No. 190에서〕〕 (● 주된 어장〕

헉슬리(T. H. Huxley)가 꼭 100년 전에 런던의 어업박람회에서 「바다의 자원은 무한하다」고 말했었다. 그러나 지금 세계의 수산관계 과학자로서 이런 말을 하는 사람은 한 사람도 없다. 유한할 뿐 아니라 쓸모 있는 자원이 착실히 줄어들고 있다는 것을 대부분의 사람이 알고 있다. 그리고 남겨진 어장은 남빙양(南氷洋)과 넓은 심해역, 그리고 이 해산 부근의 자원 밖에 없다고 말하고 있다.

일본 근해에서는 상당히 이전, 적어도 1870년대부터 이즈(伊豆)근해나 이즈제도의 해산 등을 중심으로 한 수심 200m에서부터 800m에 걸쳐서 청용퉁돔, 자붉돔, 꼬리돔, 연어병치, 게르치, 금눈돔, 송원볼락 등의 저서어류(底棲魚類)를 어획하고 있었다. 그리고 최근에는 이 어업이 확대되어 해산을 중심으로 한 트롤, 수직연승(垂直延繩), 저연승(底延繩) 등이 원양어업화하여 행해지게 되었다. 그 결과 어촌의 노인이나 어시장 관계의 사람조차 고개를 갸웃거리는 희한한 이름의 물고기가 나돌게 되었다.

사자구는 이러한 물고기의 대표적인 것이다. 이 물고기는 1960년대 후반까지는 거의 잡힌 적이 없는 세계적인 진기어류(珍奇魚類)로 여겨지고 있었는데, 북태평양에서 잡힌 보리고래의 위 속에서 많은 양이 발견된 것이 실마리가 되어 트롤 등에서 대량으로 잡히게 되었다. 사자구과(科)의 흰살이 많은 맛있는 물고기이다.

금눈돔도 오로지 해산에서 사는 물고기이다. 제2차 세계대전 전에는 가나카와현(神奈川縣)의 오다와라(小田原) 부근을 제외하고는, 연어병치나 송원볼락낚시꾼이 싫어하는 생선이었는데, 전쟁 중의 식량부족으로 갑자기 눈독에 올라 오늘날의 인기를 쌓게 되었다. 이 금눈돔은 사가미만(相模灣)에서부터 이즈제도에서만 잡혔던 것이, 지금은 남쪽으로는 적도를 넘어 노폴크(Norfolk)섬 해역, 북쪽은 천황해산까지에 걸쳐서 1만톤 가까운 어획을 올리는 물고기가 되었다.

심해성 물고기는 생태가 잘 알려져 있지 않는 종류가 많은데, 이 금눈돔도 체장 5cm 이하의 치어가 아직 잡히지 않아 그 생태가 명확하지 않다. 사가미만에서는 체장 20cm 전후의 어린 물고기가 아타미(熱海) 앞바다의 하쓰시마(初島) 주변에 출현하고, 이 시기에 야간에는 표층으로도 올라오기 때문에 대낚시로도 낚여지지만, 얕은 곳에서의 생활은 이 시기가 최후이고 이후 성장함에 따라서 앞바다의 깊은 곳으로 이동해 간다.

이 물고기의 표지방류어(標識放流魚)를 다시 잡은 결과로부터 적어도 270 km는 이동한다는 것이 알려져 있다. 또 최근 방류 후 무려 16년만에 이 물고기가 잡혔다는 보고가 있어서 연구자를 놀라게 한 물고기이기도 하다.

❖ 물고기의 등산

금눈돔이 서식하는 수심은 200~800m 정도에 걸쳐 있는데, 이즈제도에서 주로 어획되는 것은 게르치와 같은 300~500m 이고, 하치죠지마(八丈島) 이남에서는 이보다 50~100m쯤 다시 깊어지는 듯하다. 저녁부터 아침에 걸쳐서는 300m 부근까지 해산으로 올라가고, 낮에는 500m쯤의 산기슭으로 내려가는 생활을 하고 있다.

500~700m의 근해 유용어종(有用魚種)으로서는 가장 깊은 곳에 서식하는 송원볼락은 이같은 심천이동(深淺移動)은 하지 않는다. 또 송원볼락과 비슷한 어식성(魚食性) 경향이 강한 게르치도 주야의 심천이동은 하지 않고 산란기의 겨울철에만 100~200m쯤 해산으로 올라간다. 여담이지만 이 게르치의 치어는 갯가 웅덩이에서도 볼 수 있으며, 5월경에는 봉돌을 달지 않고 미끼가 없는 빈낚시로 표층을 훑으면 체장 10 cm 정도의 것이 양동이 가득히 잡힐 정도로 얕은 곳에 떼지어 다니고 있다. 그러나 성장하는 데에 따라서 여름께부터 깊은 곳으로 이동한다.

수심 150m에서부터 200m의 해산 중복에서부터 정상 부근에 많은 연어병치도 치어시대에는 유조(流藻)에 붙어 사는 물고기이지만 역시 성장과 더불어 깊은 곳으로 이동한다.

청용퉁돔, 자붉돔, 꼬리돔은 이런 종류에서는 가장 얕아서, 이즈제도에서는 100~150m, 오키나와에서는 300m 전후로서, 해산의 정상 부근에서만 전적으로 살고 그다지 심천이동은 하지 않는 것 같다. 자붉돔, 꼬리돔의 유어(幼魚)는 아직까지 표층에서는 인정되지 않았으며 소식불명이다.

일본 근해의 해산(海山)에서는 거의 잡히지 않는 사자구는 표층에서부터 100m부근까지에 걸쳐서 널리 서식하고 있는 것 같으나 역시 많은 곳은 300~500m인 것 같다.

서식장소가 조금씩 다르듯이 이들 해산의 주인공들의 식성도 조금씩 다르다. 금눈돔은 샛비늘치류, 새우, 곤쟁이류를, 사자구는 원색동물(原索動物)인 살파류, 전쟁이류, 작은 물고기를, 연어병치는 강장동물인 해파리류, 원색동물인 불우렁쉥이, 살파류를, 얕은 곳의 청용퉁돔은 연어병치와 비슷하나 소형 플랑크톤이 많은 식으로, 먹이의 경합이 일어나지 않게 교묘히 식성을 달리하며 서식처도 가려 살고 있는 것 같다.

그리고 이런 종류의 물고기는 "16년만의 금눈돔"으로도 알수 있듯이 수온이 낮은 곳에서 살고 있는 일도 있고 하여 성장이 느린 것 같다. 금눈돔만 전적으로 어획하는 사람도 해산을 찾기 위한 잠수함용 해저지도를 비싼 값으로 찾아 다니는 시대는 끝나고, 지금은 자기들이 단골로 삼는 비밀의 산을 10개쯤 잡아두고, 윤번제로 어장을 쉬게 하면서 어획하는 시대가 되었다. 이것은 앞으로 새어장으로서 유망시되는 「해산(海山)」이라고 한들, 현대의 어로기술로서는 금방 씨를 말리게 하는 것쯤은 문제가 아니라는 것을 그들 자신이 제일 잘 알고 있기 때문일 것이다.

7. 움직이는 수족관 — 잠수정

❖ 유인 잠수정의 역사

「새처럼 자유롭게 하늘을 날 수 있다면」, 「물고기처럼 물 속을 헤엄칠 수 있다면」하는 것은 예로부터의 인류의 꿈이었다. 예로부터 전해 오는 용궁(龍宮)의 전설이나, 알렉산더대왕의 잠수설화가 이를 여실히 말해 주고 있다. 물론 현재는 모두가 꿈이 아니다.

그러나 깊은 바다로 잠수하려면 기술적으로 매우 어려운 문제를 해결해야만 했다. 어쨌든 수심 10m마다 1기압(약 1kg/cm²)씩 증가하는 맹렬한 수압과 싸워야 한다. 또 강도가 큰 금속이라도 해수 속에서는 쉽게 부식한다는 어려운 문제도 있는데다, 더구나 인간이 탑승하는 이상, 만일의 사고에 대비하는 안전대책도 충분히 배려할 필요가 있다.

본격적인 고심도(高深度) 잠수의 선구자는 뭐라고 해도 미국의 박물학자 비브(C.W. Beebe)일 것이다. 그는 기술자인 바턴(O. Barton)과 더불어 1930년에 튼튼한 강철구(鋼鐵球)에 창문을 단 「바시스피어」를 건조하고, 이 "공기정화기가 달린 감옥"에 자신을 가두어 넣고, 전화회선·조명기를 위한 케이블과 강색(鋼索)에 매달려서, 최심기록(最深記錄) 900m에 이르는 수십 회의 잠강(潛降)을 경험했다(그림 1).

그 경위와 성과는 1934년에 출판된 『해면하 1/2마일(Half Mile Down)』이라는 책에 집약되어 있는데, 그 내용은 그칠줄

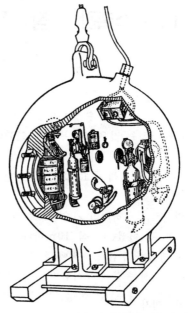

공기정화기, 산소봄베, 전화, 압력계 등을 실은 한 개의
공모양으로 된 것으로서 모선에서 수중에 늘어뜨린다.

그림 1 비브와 바턴에 의한 잠수구 「바시스피어」
〔de Latil & Rivoire, 1954에서〕

모르는 모험심, 용의주도한 계획, 경탄할 박물학자의 관찰력에
넘쳐 있다.

잠수 심도는 200m로 얕지만, 고(故) 나카야(中谷宇吉郎)의
발상으로 1951년에 건조된 일본의 「구로시오호」는, 특히 잠
수정 설계사상 특기할 만한 것이다. 바브의 「바시스피어」는
비중이 물보다 훨씬 크고, 만약 강색이 끊어지면 해저로 낙하
하는데 대해서, 「구로시오호」는 여분의 하중을 버리면 스스로
의 부력으로 수면에 복귀할 수 있게 만들어져 있었다.

뱃줄이 없는 유인 잠수정은 고층 경기구(輕氣球)와 우주선

(宇宙線)의 연구로 알려진 스위스의 과학자로서 벨기에의 브
뤼셀대학교수 피카르(A. Piccard)박사의 발상과 설계에 의한
「바티스카프」(Bathyscaphe : 그리스어로 심해의 **배라는 뜻**)를 **빼놓**
을 수 없다. 기구에서의 수소나 헬륨가스의 용기에 해당하는
것으로서, 비중 0.68인 가솔린을 부력체로 한 잠수정은 FN-
RS-2로서 1948년에 완성되었으나 실용성이 낮아, 곧 프랑
스 해군의 협력으로 FNRS-3으로 크게 개조된 뒤, 다시 프
랑스 해군에 양도되어 「아르시메드(아르키메데스)」로 발전해 갔
다. 이 잠수정은 1958년과 1962년에는 일본을 방문하여 태
평양쪽에서 잠항하기도 했다.

피카르박사가 설계한 또 한 척의 잠수정은 이탈리아의 트리
에스테 시의 후원으로 1953년 「트리에스테호」로서 건조되어,
1958년 이후 미국 해군에 양도되어 여러 가지 장비의 교환을
거쳐 1960년 1월 23일 마리아나해구에서 10,906m라는 사
실상 세계 최대심도까지 잠강하는 데에 성공했다.

1950년대 후반부터 잠수기술이나 잠수정에 관한 연구가 갑
자기 각 분야에서 활발해졌다. 현재 잠수정은(가동하고 있지 않은
것도 포함하여) 세계적으로 수백 척을 헤아리게 되었는데, 그 중
에서도 미국의 「알미노우트」, 「알빈」, 「디프스타 4000」, 「디
프스타 20000」, 프랑스의 「수중원반」, 「시아나」, 일본의 「구
로시오호」, 「신카이(深海)호」 등은 각각 특색을 지닌 유명한
것들이다. 현재 일본에서는 「신카이(深海) 2000」이 본격적인
연구 잠항을 개시했고, 또 프랑스의 최신예 잠수정 「SM-97」
이 건조 중에 있으며 곧 일·불합동 해구조사가 일본 주변 해
역에서 실시되려 하고 있다.

❖ 유인 잠수정의 위력과 단점

유인 잠수정의 특색은 뭐라고 해도 숙련된 연구자의 눈과 손

그리고 두뇌를 직접 현장에 옮겨 놓는 일이라 하겠다. 어쨌든 심해의 연구는 지금까지 대부분의 경우, 선상에서부터 길다란 로프 끝에 부착한 기기로 채집하거나 측정하여 아는 수밖에 없었다. 이런 점에서 육상이나 얕은 바다의 연구자에 비해서, 심해연구자는 연구대상을 직접적으로 관찰할 수 없다는 큰 핸디캡을 안고 있었다. 고성능 잠수정의 실현으로 대충 분류하더라도 다음과 같은 조사·작업항목이 줄을 잇고 있다.

　ㅇ 해저의 광물자원이나 유전의 탐사

　ㅇ 중층(中層)이나 해저의 생물의 생태학적 조사

　ㅇ 지구물리학·해저 지질학적 조사

　ㅇ 심해에서의 물의 움직임, 빛, 소리 등의 성질의 조사

　ㅇ 지구 위의 물질순환의 화학적 연구

　ㅇ 해저전선의 보수와 수중 구조물의 감시

　ㅇ 침몰선이나 해몰 문화재의 회수

　ㅇ 사고 잠수함의 구출

　…………………………

물론 작업항목이나 가동수심에 따라서 여러 가지 형태의 잠수정이 개발되고 있으며 조사내용에 따라서 여러 가지 관측기기를 장치할 수 있게 되었다.

❖ **알빈호의 활약**

지금까지 가장 많은 과학적 성과를 거둔 것은 미국의 우즈홀 해양연구소에 소속하는 연구용 심해 잠수작업정 「알빈호」일 것이다. 1960년대의 계획으로는 지름 2m의 강철제 내압구각(耐壓球殼)에 3명을 탑승시켜, 작업수심 약 1,800m, 자체의 무게 13.4톤이라고 하는 아주 콤팩트한 크기이면서도 매우 높은 성능을 갖고 있어서 여러 가지 과학적 조사에 이용되기 시작했다. 그러나 1968년 10월 16일 미국 대서양 연안의 코드

갑 120해리 앞바다에서 작업지원 모선 「룰루호」로부터의 진수 작업 중에 매달린 와이어가 끊어져서, 다행히 인명피해는 없었으나 1,540m의 해저로 침몰하고 말았다.

다음 해의 9월 1일 「알미노우트호」의 활약으로 11개월만에 회수되었는데, 탑승원의 식사용으로 준비했던 수프니 샌드위치, 사과가 신선한 외관과 맛을 거의 그대로 지니고 있는 것이 발견되었다. 아이러니칼하게도 이 해몰사고가 예기치 않았던 해저실험이 되어서, 심해에서의 생물활성(生物活性)의 본격적인 연구의 계기가 되었다.

그 후 티탄구각(球殼)으로 개장되어 3,600m의 설계로 바뀐 「알빈호」는 미합중국 동서 양해안의 심해저 서식 생물과 해저지질의 관찰조사, 대서양 중앙해령의 대양저 확대축(大洋底擴大軸)의 지구물리학적 조사에 크게 활약하여 수많은 과학적 보고를 제출할 수 있었다.

「알빈호」에 의한 최근의 가장 큰 업적은 1977년 이후 갈라파고스제도 앞바다와 캘리포니아만구(灣口) 앞바다의 동태평양 해팽의 중축부 약 2,600m의 해저에서 몇 개의 열수 분출구를 발견한 일일 것이다. 대양저 확대축에서의 지구물리학적인 직접관측, 열수(熱水)의 화학적 성질과 상태의 연구, 광물자원 조사상 큰 성과를 가져다 주었을 뿐 아니라, 무엇보다도 세상을 놀라게 한 것은 열수가 분출하는 굴뚝 주변에 펼쳐진 특이한 생물군집(生物群集)의 발견이었다.

지저(地底)로부터 분출하는 황화수소(H_2S)로부터 생물에너지를 끌어내는 유황세균을 근간으로 하는 이 국소적(局所的)인 생태계는 광합성에 의한 에너지에는 전혀 의존하지 않고, 근본적으로는 지구 내부에 있는 동위체(同位體)의 방사성 괴변으로부터 흘러나오는 에너지에 의하는 것으로서, 이 발견에 의하여 종래 생태학 교과서에서 보는 「우리는 결국 태양을 먹고 있다」

라고 하는 기술은 약간 정정하지 않으면 안 되게 되었다(제2권 -3. 참조).

❖ 잠수정의 합리적인 활용

잠수정은 결코 만능이 아니다. 오히려 종래의 측정기기나 도구에 비해서 간편성이 상실되고, 지원모선을 포함하여 막대한 경제적, 인적(人的), 시간적 부담을 안고 운항되고 있다. 오늘날까지 수백 척이나 건조된 잠수정도 그 대부분이 사명과 가능성을 다 발휘하기 전에 퇴진한 것이 실정이다. 솔직히 말해서 1960년대에 건조된 대부분의 잠수정은, 기술개발 자체가 선행되고, 잠수정의 지원체제가 약했거나, 연구자 또는 운영 당국이 신기한 기계로서만 다루었고, 과학 연구상의 효율적인 이용에 대해서 전망을 제시하지 못했었다고 할 수 있을 것이다.

물론 많은 연구자가 잠수정에 의한 잠강을 경험하고, 체험을 통해서 새로운 발상을 낳는 것도 중요하지만, 특히 경험에 의한 관찰의 누적과 종합성이 강력하게 요구되는 생물학적 조사에서는 전문가를 양성하고, 많은 횟수의 잠강을 보증하지 않으면 안 된다는 점을 각 잠수정에 깊이 관여했던 연구자가 이 구동성으로 강조하고 있다. 유감스럽게도 현재로서는 「움직이는 수족관 ―심해잠수정」의 입장권 값은 너무 비싼 것 같다.

어쨌든 일본에서는 「신카이 2000」의 본격적인 연구잠강이 시작되었다. 또 프랑스의 「SM - 97」이 내항하여 일본해구 부근의 조사도 하고 있다. 이들 잠수정에 의한 조사를 중심으로 관계 학문분야의 모든 지혜를 총집결시켜 모든 조사방법을 딛고 서서 얻어질 종합성과가 기대되고 있다. 하지만 심해는 20세기에 남겨진 최후의 비경(秘境)이며, 앞으로도 인류의 꿈과 학문적 모험심을 키워줄 온상으로 남아있어 주기를 바라는 마음 간절하다.

8 . 잠수 기네스북

❖ 잠수정을 사용하여

1985년 여름에 프랑스의 잠수조사정 「SM - 97」에 탑승한 일본 과학자의 해저조사에 관한 얘기가 신문과 TV에 등장했다. 이 연구계획을 「KAIKO」라 불렀다. KAIKO란 "해구"의 일본말이다.

바다는 해안에서부터 앞바다로 향해서 수심이 커진다. 그러나 태평양의 중앙부가 가장 깊다는 식의 단순한 형태로는 되어 있지 않다. 육상에 산이나 산맥이 있듯이, 해저에도 해산(海山)이나 해령(海嶺)이 있고, 여기에 깊은 골짜기도 이어져 있어서 "트로프(trough)"니 "해구"라고 불리고 있다.

일본의 동쪽에는 일본해구가 있고, 이즈·오가사와라(伊豆·小笠原)해구, 마리아나해구, 야프(Yap)해구, 팔라우해구로 적도해역(赤道海域)까지 연결되어 있다. 시코쿠(四國), 규슈(九州)의 앞바다에도 또 하나의 해구렬이 있어, 난카이(南海) 트로프, 류큐(琉球)해구, 필리핀해구로 역시 적도해역까지 이어져 있어서 지구 위에서 수심이 가장 깊은 곳으로 되어 있다.

북태평양의 해저는 서쪽으로 움직여 와서 일본해구에서 대륙지각(大陸地殼) 밑으로 잠겨 들고 있다. 이 심해저의 운동에 의해서 지진이 일어나기 때문에 육안관찰도 하여 해구를 연구하자는 계획이 「KAIKO」이다. SM - 97은 이 계획에 맞도록 프랑스에서 건조된 잠수정으로서 6,000m까지의 잠수조사가 가능하다. 심도별로 해저의 면적을 조사하면 6,000m보다 얕은 면적이 전체 해양의 97%를 차지하므로 「Submersible - 97」이라고 명명되어 있다고 한다.

일본에서는 1983년에 잠수조사정 「신카이(深海)2000」이 건조되어 수심 2,000m까지의 조사에 사용되고 있다. 해양과학기술센터(가나카와현 요코스카시 소재)에서는 다시 6,000m까지 잠수할 수 있는 「신카이 6000」의 개발에 착수하고 있다.

잠수조사정은 그림 1에 보였듯이 금속 내압구(耐壓球) 속에 탑승하는 구조로 되어 있다. 공기 조정기구(空氣調整機構)가 있는데 그 압력은 지상과 같은 1기압이다. 따라서 비행기와 마찬가지로 탈것이라고 생각하면 될 것이다. 그 때문에 잠수조사정으로 어디까지 잠수가 가능하느냐고 하는 조건은 안전평가(安全評價)와 관계된다. 수심 10m에 대해서 약 1기압의 비율로 수압이 증대하기 때문에 6,000m에서는 600 kg/cm²의 고압이 된다.

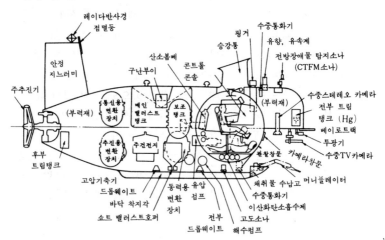

그림 1 「신카이 2000」 일반 배치도〔해양과학기술센터〕

현재의 여객용 항공기의 안전기준은 「10⁻⁹」 이하의 사고발생율, 즉 10억 번의 비행에서 1회 이하의 사고여야 한다는 계산이 된다. 「만일」이라는 말의 「만의 일」이란 10⁻⁴인데, 사고율이 「10억의 1」이라도 비행기를 싫어하는 사람은 있기 마련이다.

잠수정에서는 암석 등의 표본을 채집하거나 측정기를 조작하는 것은 「매직 핸드」라 불리는 원격 조작장치(manipulator)를 사용하는 것이 된다. 지금까지의 것은 그다지 사용하기 편한 것이 아니었다. 그러나 마이크로컴퓨터를 이용한 로봇의 연구가 활발하게 진행되고 있다. 각종 공장에서는 수많은 산업로봇이 쓰여지게 된 현재, 가까운 장래에는 로봇을 조작해서 심해조사가 이루어지게 될 것이다.

❖ 인간은 얼마나 깊이 잠수할 수 있을까?

인간이 직접 잠수를 할 수 있게 된 데는 물론 오랜 역사가 있다. 인간에게는 아가미가 없으므로 해수 속의 용존산소를 호흡에 쓸 수가 없다. 숨을 멈추고 있는 시간이 물 속에 있는 시간의 하나의 한계가 된다.

그러면 시계를 재면서 숨을 멈추어 보자. 처음 하는 사람은 대충 30초 정도가 되면 숨이 가빠질 것이다. 이 때 침을 삼키듯이 목을 움직여 보라. 약 10초 정도는 더 견딜 수 있을 것이다. 대개의 사람은 1분 이상 숨을 멈출 수가 있고 3분 정도가 한계라고 한다. 보통 이 정도의 시간으로 허파 속에 저장한 공기 속의 산소를 다 써버리게 된다. 숨을 멈추기 전에 순수한 산소를 호흡하면 13분 정도까지 연장할 수 있다고 한다.

다음에는 숨을 멈추고 잠수를 시작했다고 하자. 먼저 10m 깊이까지 다다르기 전에 귀가 아파질 것이다. 고막의 안쪽과 바깥쪽의 압력에 차이가 생기기 때문이다. 이것은 개인차도 크지만, 무리를 하면 고막이 터져 버리는 수도 있다. 익숙해지면 내이(內耳)에 숨을 몰아 넣을 수 있게 되어 약 40m 까지는 잠수가 가능하다.

폐식잠수(閉息潛水)의 최고기록은 프랑스인 쟉·마이요르가 1983년에 엘바섬 앞바다에서 세운 105m이다. 일본의 해양과학기술센터에서는 1982년에 이 마이요르를 초빙하여 잠수의학에 관한 연구를 했다. 마이요르는 당시 55세였으므로 같은 연배의 일본의 잠수전문가인 남성(50세)과 여성(48세)과의 비교시험이 있었다. 수심 3m의 풀장에서의 실험에서 마이요르는 4분 9초(그의 최고기록은 4분 57초), 일본 남성은 2분 9초, 여자는 1분 1초의 최장 기록이 얻어졌다. 세 사람의 가장 큰 차이는 심장박동수에 있었다. 마이요르는 잠수 후 10초까지는 88회 / 분이었으나 급속히 감소하여 30초에서부터 3분까지는 40~50회 / 분이 되고, 3분 이후는 40회 / 분이 되었다. 또 최소심장박동수는 37이었다. 일본인 남자 역시 심장박동수의 감소는 마이요르와 꼭 같았으나, 일본인 여자의 경우는 변화가 적어서 98회 / 분~125회 / 분의 범위였다. 고래나 돌고래, 해표 등 바다의 포유류도 물 속에서는 심장박동수가 감소한다는 것이 알려져 있다.

수중작업자에게 배 위로부터 펌프로 공기를 보내주는 잠수방식도 있다. 기밀복(氣密服)으로 몸을 감싸는 헬멧방식 잠수이다.

고압의 공기봄베를 메고 잠수하는 애퀄렁방식은 제 2 차 대전 중에 개발되었다. "애퀄렁"이라는 말은 수중허파(水中肺)라는 이름의 상품명이다. 자급식 수중 호흡장치의 영어 이름의 머리글자를 따서 "스쿠버(SCUBA)"라고도 한다. 적당한 기관에서 시행하는 강습을 받고 규칙을 지키는 방법으로 하면 수심 30m까지는 안전하게 잠수할 수 있다. 안전을 무시한 기록은 아무 의미가 없다.

　이 애퀄렁방식의 잠수작업에서 흔히 문제가 되는 잠수병은, 고압공기를 호흡하고 있다가 1기압의 지상으로 나올 때, 혈액 속에 기포(氣泡)가 생기거나 하는 위험한 증상이다. 봄베에 공기가 아닌 헬륨과 산소의 혼합가스를 사용하면 혈액 속의 가스가 단시간 내에 나온다는 것도 알게 되었다.

　수중에서 거주하는 실험(미국의 Sea Love계획 등)도 각국에서 행해지고 있다. 이 수중거주는 애퀄렁방식의 변형이라고 할 것으로, 고압 가스봄베를 메는 대신 수중의 주거구역을 고압가스로 채워놓고 작업자는 그 속에서 생활한다. 고압가스 속에서의 음속은 1기압의 공기 속의 음속보다 커지기 때문에, 소리를 내면 소리의 주파수가 높아져서 디즈니의 도날드덕의 목소리와 비슷하게 된다. 이것은 보통 발성기관의 크기로서 공명하고 있는 소리가 정합(整合)하지 않게 되기 때문이다. 기묘한 음성으로 말을 하게 되므로 주파수를 바꾸는 교화기(交話機)도 연구되고 있다.

　처음에 말했듯이 지구 위의 최대 수심지점은 필리핀과 일본 근해에 있다. 어떤 생물이 살고 있는지, 해류의 크기가 어떠한지, 아직은 한정된 측정과 관측만이 행해지고 있다. 앞으로 더욱 초심해(超深海)의 연구가 촉진될 것으로 기대된다.

9 . 빛은 바다 속의 어디까지 닿을까 ?

바다 속의 빛의 분포는 바다의 생산과 직접 관계된다. 그리고 어류를 비롯한 여러 가지 생물의 생리나 생태와도 깊이 관계되는 중요한 문제이다.

❖ 수중과 공중의 차이

빛의 장(場)이라고 하는 면에서 바다를 보면, 바다 속과 대기 속은 매우 큰 차이가 있다. 대기 속에서는 수평선도 보이고 수평선 너머의 배도 볼 수 있다. 즉, 10수마일 앞까지 볼 수 있으므로 대기 속에서의 빛의 감쇠는 매우 작다고 할 수 있다. 이것에 대해서 해수 속에서는 가장 이상적인 상태에서도 수십 m 정도 밖에 볼 수가 없다. 즉 바다 속에서는 빛의 감쇠가 매우 크고, 이것이 바다 속과 대기 속에서의 첫 번째의 큰 차이이다.

둘째는 파장의 분포이다. 대기 속에서는 $290 \sim 3,000$ nm(nm :나노미터 $= 10^{-9}$ m)의 넓은 범위의 빛이 존재하지만, 바다 속에서는 $380 \sim 760$ nm의 좁은 범위의 빛만이 존재한다. 이   범위보다 단파장쪽의 자외부도 장파장쪽의 적외부도 바다의 극히 표층에서 흡수되고 있다(이 중에서 적외부는 수온상승에 사용된다). 따라서 바다 속으로 투과하는 빛은 $380 \sim 760$ nm 범위의 빛으로서, 마치 사람이 밝기로서 느끼는 범위(가시광)와 일치한다. 더구나 이 가시광선의 범위 중에서도 파장에 따라서 감쇠정도가 크게 달라진다.

❖ **바다 속에서의 빛의 감쇠**

바다 속에서의 빛의 감쇠는 물 자체에 의할 뿐만 아니라, 바다 속에 많이 함유되는 부유물(플랑크톤 등의 생물, 그것의 분해생성물인 유기부유물, 하천이나 대기로부터 반입된 무기부유물)이나 용존유기물(溶存有機物)에 의해서도 일어난다. 감쇠는 흡수와 산란에 의하는데, 물 자체와 부유물질이나 용존유기물에 의한 흡수와 산란은 명백히 다르다.

예컨대 푸른빛(450 nm)과 붉은빛(700 nm)을 대비해서 간단히 말하면, 물 자체에서는 흡수는 붉은빛이 푸른빛보다 훨씬 더 크고, 산란은 반대로 푸른빛이 붉은빛보다 훨씬 더 크다. 이들의 종합적인 결과로서 물 자체에 의한 감쇠는 붉은빛이 푸른빛보다 상당히 크게 된다.

이에 대해서 부유물질에서는 흡수는 푸른빛이 붉은빛보다 훨씬 크고, 산란은 푸른빛도 붉은빛도 거의 비슷하다. 따라서 부유물질에 의한 감쇠는 푸른빛이 붉은빛보다 크게 된다. 용존유기물에서는 흡수는 푸른빛이 붉은빛보다 훨씬 더 크지만, 산란에는 영향을 미치지 않는다. 따라서 용존유기물에 의한 감쇠는 푸른빛이 붉은빛보다 커진다. 또 해수 속의 염(鹽) 등의 용존무기물은 빛의 감쇠에는 아무 영향을 주지 않는다.

이런 일로부터 구로시오처럼 부유물질이나 용존유기물이 적은 물은 물 자체에 의한 산란이 커지기 때문에 사람의 눈에는 푸르게 보이고, 연안수(沿岸水)처럼 부유물질이나 용존유기물이 많은 곳에서는, 이들에 의한 푸른빛의 흡수가 크게 기여하기 때문에 사람의 눈에는 녹색에서부터 황색, 나아가서는 갈색으로 장파장쪽으로 이동한 색깔로 보이는 것이다.

❖ **해수의 광학적 성질**

이와 같은 부유물질이나 용존유기물을 포함한 해수의 흡수나 산란의 성질을 해수의 광학적 성질이라고 한다. 부유물질이나 용존유기물의 양과 질은 해역이나 수괴(水塊)에 따라서 달라지기 때문에 각각의 해역이나 수괴는 고유한 광학적 성질을 지니고 있다. 즉 구로시오에는 구로시오의 광학적 성질이 있고, 오야시오에는 오야시오의 광학적 성질이 있다. 이들의 광학적 성질이 바다 속의 빛의 장(場)을 결정하고 있다.

얄로프(Jerlov:1964)는 여러 해역에서 바다 속의 빛의 투과를 파장별로 측정하여, 수괴의 광학적 분류를 하였다. 이것은 바다 속의 빛의 투과를 알아볼 경우에 매우 편리한 것으로서, 표 1에 실어두었다. 이것으로 어느 해역의 수심 몇 m에서 몇%의 빛이 당도하느냐고 하는 것은 그 해역의 광학적 수형(水型)만 알고 있으면 간단히 구할 수가 있다.

한 예로 일본의 주변 해역의 광학적 수형을 예시하면 구로시오해역은 외양수(外洋水)IB, 오야시오해역은 외양수Ⅱ, 사가미만(相模灣)은 연안수(沿岸水)1~3, 도쿄만(東京灣)은 연안수3~5이다. 이러한 사실로부터 바다 속에서의 빛의 투과는 해역이나 수괴의 차이에 따라서 크게 다르다는 것을 알 수 있으리라 생각한다.

빛은 거리에 대해서 지수함수적으로 감쇠하기 때문에, 어디까지 가더라도 엄밀히 0으로는 되지 않는데, 일반적으로 해양에서는, 해면의 광량(光量)의 1%로 감쇠하는 수심을 「보상심도(補償深度)」(식물플랑크톤의 광합성에 의한 산소의 생산량과 호흡에 의한 산소의 소비량이 같아지는 수심)라고 부르고 있다. 또 이 수심보다 얕은 곳을 「유광층(有光層)」이라고 한다. 표 1 (b)로부터 해면의 광량이 1%가 되는 수심은 구로시오해역에서는 약 70m, 오야시오해역에서는 약 45m, 도쿄만에서는 약 10m보다 얕은 것을 알 수 있다.

표 1 (a)　각 수형에 대한 표층수의 아랫방향 조도의 파장별 투과율〔Jerlov, 1964에 의함〕

수형		파 장 [nm]														
		310	350	375	400	425	450	475	500	525	550	575	600	625	650	675	700
		투과율 [%/10m]															
외양수	I	22	54	68	76	80	83	83.5	76	65	53	41	9.5	4.7	2.7	1.5	0.4
	I A	16	46	60	68	73	77	78	73	62	51	39	9.1	4.5	2.5	1.4	0.3
	I B	11	37	52	60	66	70	72	66	58	49	37	8.6	4.3	2.4	1.3	0.3
	II	2.5	17	30	38	44	51	54	50	47	41	32	7.4	3.5	1.8	0.9	0.2
	III	0.2	4	11	16	20	26	31	32	31	30	23	5.2	2.4	1.2	0.5	0.1
연안수	1				0.6	2.7	8.2	18	25	27	30	22	5.0	2.5	1.1	0.6	0.2
	3					0.5	2.1	5.5	11	13.5	15	12	3.7	1.8	1.0	0.4	
	5						0.4	1.4	2.7	4.5	5	3.7	1.8	0.8	0.4	0.2	
	7								0.3	0.7	1.0	1.0	0.8	0.5	0.2		
	9									0.2	0.3	0.3	0.2				

투과율을 T라 하면 $T=E_2/E_1$ (여기서 E_1:표층 조도, E_2:10m 수심의 조도)

표 1 (b)　수형별 아랫방향 조도의 백분율(300~2,500nm) (Jerlov, 1964에 의함)

수심 [m]	외 양 수					연 안 수				
	I	I A	I B	II	III	1	3	5	7	9
0	100	100	100	100	100	100	100	100	100	100
1	44.5	44.1	42.9	42.0	39.4	36.9	33.0	27.8	22.6	17.6
2	38.5	37.9	36.0	34.7	30.3	27.1	22.5	16.4	11.3	7.5
5	30.2	29.0	25.8	23.4	16.8	14.2	9.3	4.6	2.1	1.0
10	22.2	20.8	16.9	14.2	7.6	5.9	2.7	0.69	0.17	0.052
20						1.3	0.29	0.020		
25	13.2	11.1	7.7	4.2	0.97					
50	5.3	3.3	1.8	0.70	0.041	0.022				
75	1.68	0.95	0.42	0.124	0.0018					
100	0.53	0.28	0.10	0.0228						
150	0.056			0.00080						
200	0.0062									

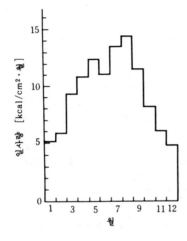

그림 1 해면 일사량
(혼슈 동쪽 구로시오해역)

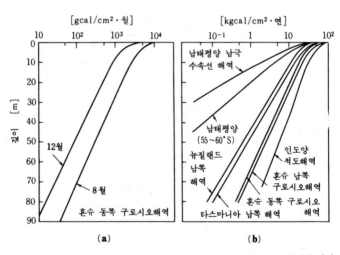

(a)   (b)

그림 2 바다 속에 도달하는 일사 에너지량〔(a)와 (b)에서는 단위가 다른 점에
주의〕

❖ 바다 속의 에너지 도달율

다음에는 현실로 바다 속에는 어느 정도의 일사(日射)에너지량이 투과하고 있는 가를 알아보자. 그러려면 먼저 해면에 도달하고 있는 일사량을 알 필요가 있다. 해면에서의 일사량은 위치, 계절, 기상에 따라서 바뀌어지는데, 이를테면 일본 근해의 구로시오해역에서는 개인 여름철의 날이라면 약 700cal/cm²/일, 겨울철에는 약 300 cal/cm²/일이다. 이것이 기상상태에 따라서 감소하는데 50~60년간의 운량(雲量)데이터를 고려하여 개산하면 그림 1과 같이 된다. 해면에 도달한 빛의 약 5%가 해면에서 반사되고 95%가 투과한다.

바다 속으로의 투입량을 알면 표 1의 광학적 수형별 상대조도(相對照度)로부터 각 수심에서의 일사(日射)에너지량을 간단히 구할 수 있다. 바다 속에서의 일사에너지량과 수심과의 관계는 그림 2와 같아진다. 그림(a)는 계절적 변화의 한 예를 보인 것이고, (b)는 여러 해역에서의 양상을 보인 것이다. 이것으로 어느 해역의 수심 몇 m에 얼마만한 일사에너지가 도달하고 있는 가를 알 수 있다.

10. 바다 속에서의 소리

　해수욕을 갔을 때 머리를 물 속에 담그면 여러 가지 소리가 들릴 것이다. 잠수를 할 수 있으면 그 소리가 어디서부터 들려오는지 알 수 있을지도 모른다. 물가에서는 움직이고 굴러가는 모래가 소리를 낸다. 작은 새우 무리도 큰 소리를 낸다. 모터보트도 큰 소리를 낸다. 그리고 바다 속뿐만 아니라, 예컨대 남쪽 산호초 섬의 종유동(鍾乳洞)은 바다로 이어져 있는 것도 있어서, 산 속에서 뜻밖에도 바닷소리를 듣는 적이 있다. 해안의 파도소리의 크기로부터 파도가 높은지 어떤지도 알 수가 있다.

　여기서는 바다에 관한 여러 가지 소리 가운데서도 바다 속을 전파하는 소리를 이용하는 계측(計測)기술에 대해서 소개하기로 한다. 라디오나 TV는 대기 속을 전파하는 전파를 이용하고 있다. 인공위성이나 우주관측위성의 신호도 전파로써 보내진다. 그런데 공기가 없는 진공인 우주공간조차 전파하는 이 전파도, 물 속을 전파할 수는 없다. 빛도 파장이 짧은 전파라고 말할 수 있지만, 투명도가 높은 맑은 바다나 호수에서도 50 m쯤 밖에는 빛이 닿지 않는다(9.참조). 깊은 바다는 암흑세계라고 일컬어지는데, 전파에 대해서도 같은 말을 할 수 있다. 이 때문에 우리가 통상 사용하고 있는 전파에 관한 기술은 바다 속에서는 쓸모가 없다. 그러나 소리는 물 속에서도 잘 전달된다. 대기 속에서 소리를 이용한 기술은 물 속에서도 통용되는 것이다.

❖ **해수 속의 음속**

해수 속에서는 소리는 대기 속의 음속의 약 4.5배의 속도, 즉 매초 약 1,500m의 속도로써 전해 간다. 해수 속의 음속은 해수의 온도, 압력, 염분(鹽分)에 따라서도 변하는데, 대체로 말하면 온도 1℃가 높아지면 4.6m/초의 비율로 증대한다. 또 압력이 1kg/cm² 증가하면 0.16m/초의 비율로, 그리고 염 분이 1‰(퍼밀 : 1/1,000) 증가할 때마다(14. 참조) 1.5m/초의 비율로 증대한다.

염분에 대해서는 해역에 따르지만, 수평 방향으로나 수직방향 으로도 그 변화의 폭이 작고, 약 1‰정도로 생각하면 된다. 그 러나 수온은 장소에 따라서 크게 변화한다. 예컨대 구로시오를 횡단하면 깊이 수백m층까지의 구로시오의 수온은 약 50 km 떨어지면 10℃나 틀린다. 이 경우 하류로 향해서 오른쪽이 고 온이다. 또 표면에서 30℃인 수온이라도 1,000m층에서는 4 ℃가 된다. 이같이 수심과 더불어 수온이 낮아지기 때문에, 음 속도 당연히 작아진다.

한편 수심이 커지면 압력이 증대하고 따라서 음속이 커진다. 음속의 크기는 이들의 효과 때문에 약 1,000m층에서 극소값 이 되고, 약 1,450m/초가 된다. 6,000m층에서는 속도가 증 대해서 약 1,530m/초이다. 이같은 해수 속의 음속에 대해서 는 일정한 거리를 전해 가는데 소요되는 시간을 계측하는 음 속계를 바다 속에 내려서 실측하거나, 실험실에서 온도, 압력, 염분을 바꾸어서 측정하거나 한다.

❖ **음향측심기의 탄생**

바다 속에서는 음속이 장소에 따라서 달라지기 때문에, 소리 의 굴절이 생긴다. 말하자면 자연의 렌즈가 있는 셈이 된다. 신 기루(蜃氣樓)를 향해서 총을 쏘아도 아무 뜻이 없듯이, 예컨대 잠수함을 겨냥하기 위해서 정확한 위치를 알려고 하면, 바다 속에서의 음속분포를 아는 것이 중요하다.

해양관측에서 수온측정에 사용되는 간편한 수온수심기록계 (BT, XBT)는 원래 이것을 위해서 개발된 것이다. 일회 사용식의 XBT는 머리카락과 같은 굵기의 에나멜선을 수백m의 길이로 감아서 넣어 있는 서미스터(thermister)온도계로서 항행 중인 관측선이나 헬리콥터로부터 투하하여 사용한다.

타이타닉호가 빙산에 충돌하여 침몰한 1912년 4월의 슬픈 사건은 누구나 다 알고 있을 것이다. 실은 이 사고가 해양 음향(海洋音響)기술의 실용화를 촉진시켰다. 당시의 선박은 선원의 훈련된 눈에만 의지하여 항해하고 있었다. 따라서 밤이나 안개가 짙을 때는 마치 눈을 감고 고속도로를 운전하는 것과 같은 위험한 상태였다. 빙산은 수면 밑에 있는 부분이 크므로, 소리를 발사하여 반사파를 검출해서 그 거리를 측정하는 방법이 미국인 페센덴(R. Fessenden)에 의해서 실시되었다. 3 km 전방에 있는 빙산의 위치를 측정하는 실험 중에 그는, 해저로부터의 반사음도 검출할 수 있다는 것을 알고 음향측심기가 동시에 발명된 것이다.

그리고 이들 음파를 사용하여 바다 속의 물체를 검출하는 기술이 두 차례의 세계대전으로 급속히 진보했다. 잠수함이나 어뢰가 사용되면서 이것에 대항하기 위한 기술로서 상당한 발전을 보았다. 동시에 학술연구와 수산업 등의 평화적인 이용도 매우 활발해졌다.

페센덴은 약 1,000Hz (헤르츠)의 가청음(可聽音)을 사용하여 실험을 했는데, 주파수가 높은 음을 쓰면 감쇠는 크지만 분해능(分解能)이 높아지기 때문에, 심해의 측심에는 약 10kHz 의 음파가 사용된다(파장은 약 15 cm이다).

50 kHz 의 음파를 사용하면 어망이 물 속에서 어떻게 펼쳐져

있는가를 알 수 있고, 물고기떼가 있으면 당연히 검출된다. 현재 어군탐지기는 소형 어선에도 설비되어 있고, 대형 "물고기"는 마리수까지도 헤아릴 수 있게 되었다. 또 음향측심기로 전함 "야마토"(大和)의 침몰지점을 찾으려는 시도도 있었다. 한편 음파의 주파수를 수 kHz 로 낮추면 해저의 퇴적물의 구조를 조사할 수 있다. 이것은 해저유전의 탐사에 널리 이용되고 있다.

종래의 음향측심기는 말하자면 하나의 서치라이트와 같은 것인데, 수많은 서치라이트로 하여 넓은 범위의 지형을 탐사하는 멀티 내로우 빔(multi-narrow-beam)도 개발되어 1983년부터 일본의 수로부(水路部)의 측량선 「다쿠요」(拓洋)에 설치되었다. 여기서 얻어진 데이터를 컴퓨터로 처리함으로써 달리기만 하면 해도(海圖)가 자동적으로 그려지게 되었다.

주파수가 높은 어군탐지기의 기록에는 수백m층에서 강한 메아리(echo)가 나타나는 일이 있다. 이것은 고스트(ghost)라고 불리는 것인데, 미소한 플랑크톤의 군집(群集)의 반사이다. 더욱 주파수를 높이면 해수의 작은 온도차나 해수로 운반되는 미소입자가 음파를 산란하게 된다. 산란파(散亂波)는 도플러효과 때문에 발사한 음과 다른 주파수가 되기 때문에, 그 주파수의 차이로부터 유속(流速)을 측정할 수 있다. 도플러유속계는 선속계(船速計)로서 사용되고, 또 수심 수백m까지의 유속계로도 사용된다.

그림 1에 일본 도쿄(東京)대학 해양연구소에서 개발한 도립음향측심기(倒立音響測深機)를 보였다. 이 기기는 해저에 묶어 두고 해면까지의 음파의 왕복시간을 측정한다. 구로시오의 단면 내의 음속의 차이를 이용하여 구로시오의 위치를 자동적으로 측정하려는 것이다. 측정기는 음향분리장치(音響分離裝置)를 작동시켜 부상·회수한다. 관측선으로부터 음향신호를 보내

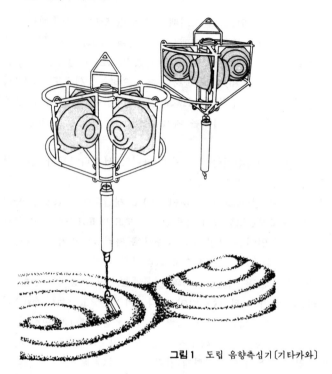

그림 1 도립 음향측심기〔기타카와〕

는 음향분리장치도 역시 음향기술의 응용이다.

신기한 것으로는 도립 음향측심기와 잡음계측기(雜音計測機)를 조합한 계측기가 1970년대에 미국에서 개발되었다. 바람이 세면 해면에서 부숴지는 파도소리가 커지기 때문에, 그 잡음의 크기로부터 풍속을 측정하려는 것이다. 즉 6,000m의 심해저에서도 해면상태를 알 수 있는 것이다.

박쥐는 25 kHz 에서 100 kHz 까지의 음파를 이용하여 빛이 없는 동굴 속을 날아다닌다. 앞으로도 빛이나 전파가 닿지 않는 바다 속에서는 음파가 사용되고, 새로운 계측기가 태어날 것이다.

11. 고래소리는 어디까지 다다를까?

바다에 사는 고래나 돌고래가 소리를 내어 통신을 하고 있다는 사실을 알고 있다. 고래가 한 번 우는 소리는 음향출력(音響出力)으로 약 10W 정도이다 오디오기기의 출력은 전기출력으로서 나타내는데, 이것으로 환산하면 약 50W에 해당할 것이다. 출력이 큰 스테레오는 이웃에 폐를 끼치지만 그렇다고 수km나 떨어진 곳에서는 소리가 들리지 않을 것이다. 물 속에서는 어떨까?

수중음향의 원거리 전파기록은 오스트레일리아의 서해안으로부터 대서양 서쪽의 버뮤다 섬까지의 2만km이다. 1960년 미

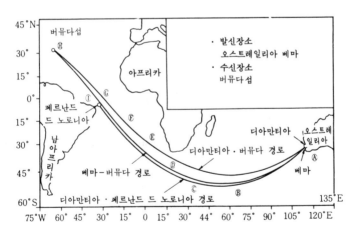

그림 1 오스트레일리아로부터 버뮤다섬까지의 음향전파 경로

국과 오스트레일리아의 공동 실험으로 약 120 kg의 화약을 폭발시킨 소리가, 아프리카 남단의 희망봉을 돌아서 대서양으로 전해졌었다(그림 1). 화약의 수중폭발은 물 속의 발음원으로서 자주 이용되고, 해저 아래서도 전달되기 때문에 해저탐사에도 사용된다.

제 2 차 세계대전 중 일본 각지의 도시는 미국의 B 29의 공습을 받았는데, 이 때 미국 공군의 비행사는 해면하 약 1,000 m층에서 폭발하는 신호탄을 상비하고 있어, 해상에 불시착을 하거나 탈출하여 해상으로 내려왔을 때에 이것을 사용했다. 미국 군은 도쿄(東京)를 둘러싸는 1,000 km지점의 캄차카, 사이판, 미드웨이의 각 해역에 약 1,000 m 깊이에 수중 마이크로폰을 설치하여, 이 신호탄 소리가 전달되는 시간차로부터 불시착지점을 산출하여 구조했다고 한다.

전파는 종류에 따라서 다르지만 지상이나 해상에서 1,000 km나 도달하게 하는데는 각지에 중계용 방송국이 있는 것으로부터도 알 수 있듯이 여러 가지 '어려운 문제가 발생한다. 예를들면, 해면 위 1 m에서 발사한 27 MHz, 0.1 W의 전파를 해면 위 10 m에 안테나를 갖는 배에서 수신하기 위해서는 약 10 km의 거리가 한계이다. 이 이유의 하나는 지구가 둥글기 때문에, 말하자면 전파가 상대를 투시할 수 없기 때문이다. 그러므로 직선적인 경우, 즉 고도 약 700 km 상공에 있는 인공위성에서는 해면 위의 부이로부터 발사하는 1 W의 전파를 수신할 수가 있다. 또 전파의 도플러효과를 이용하여 부이의 위치를 수 km의 정밀도로서 정할 수가 있다.· 이와 같은 표류부이는 구로시오의 관측에도 사용되고 있다.

❖ SOFAR층의 이용

해면하 1,000 m층에서는 앞에서 말한 「바다 속에서의 소리」

에서 소개했듯이, 이 부근의 음속이 극소로 된다. 이보다 얕은 층은 수온이 높기 때문에 음속이 크고, 이보다 깊은 층은 수압이 크기 때문에 음속이 커진다. 바다 속을 전파하는 음파는 이 층을 중심으로 상하로 진동하면서 전파하게 된다. 그런데 음속이 균일하다면 음파는 입체적으로 퍼져 나가고, 단위 단면적을 통과하는 에너지는 급속히 작아진다. 한편 음속 극소층이 있으면 소리는 평면적으로 퍼지게 된다. 음속 극소층은 이 성질을 이용하여 발음원의 방향과 거리를 검지하기 위해서 이용되었기 때문에 영어의 음향 방향탐지 측거리(音響方向探知測距離)의 머리글자를 딴 약칭 ── SOFAR층이라고도 불린다.

제 2 차 세계대전이 끝나자, 미국의 해양학자 스톰멜(Stommel)은 SOFAR층을 이용한 해류조사를 제안했다. 밀도를 적당히 조절하여 1,000m층에서 균형이 잡혀지는 부이로부터 신호탄을 파열시키려는 제안이다. 예를 들면, 30개의 신호탄을 1 주간에 1 개의 비율로 사용하면 210일간의 해수의 이동을 추적할 수 있게 된다. 표층을 표류하는 부이로부터 정기적으로 신호탄을 투하하는 일도 생각할 수 있다(필자는 개인적인 체험으로서 제 2 차 세계대전 중 일본군의 풍선폭탄의 밸러스트 투하 메커니즘을 스톰멜박사의 제안으로부터 연상했다. 수많은 모래주머니를 시계장치로 연달아 낙하시키는 풍선폭탄은 워싱턴 D. C. 의 스미소니안 항공박물관이나 캐나다의 할리팍스요새박물관에서 볼 수 있다).

스톰멜의 제안은 20년 후인 1969년에 실현되었다. 우즈홀 해양연구소에서는 250Hz 의 음파를 사용하여 1,000 km나 추적할 수 있는 SOFAR 플로트(float)를 운용하기 시작했다. 당초의 수신국은 해양에 떠 있는 섬들의 기존 군용시설이 사용되었으나, 현재는 마이크로컴퓨터가 내장된 전용 수신국을 계류시켜 두고 있다. 현재는 하루 3회꼴로 500m에서부터 2,000m까지의 수심을 표류하는 부이를 추적하여 해수의 운동을 계측하고 있다.

이 실험에서는 멕시코만류(구로시오에 해당하는 대서양의 난류)의 하층의 흐름을 계측하여 반류(反流)를 발견했다. 또 고래가 한 번 우는 소리정도의 음향신호는 도쿄로부터 가고시마(鹿兒島)까지의 거리에 해당하는 약 1,500 km에 걸쳐서 추적되고 있다. 그리고 일본에서도 구로시오의 하층의 흐름을 측정하기 위해서 SOFAR플로트를 사용하기 위한 기초실험이 도쿄대학 해양연구소에서 시작되었다.

❖ 해수의 온도를 아는 음향 토모그래피

SOFAR층을 이용한 해중 음향의 원거리 전파(傳播) 실험에서는 SOFAR층을 전파해 온 강력한 신호 앞에, 몇 개의 메아리가 들린다는 것을 알았다. 메아리는 차츰 작아지는 것이 보통인데, 그것에 대해서 이 경우는 커다란 소리가 마지막에 당도한다. 해수 속에서는 소리가 상하로 크게 굴절되면서 도달하기 때문에 전파하는 경로가 달라지기 때문에 도달시간이 달라지는 것이다. 약 400 km를 전파할 때 20개 이상의 메아리가 판별되었다는 보고가 있다(그림 2 참조).

이것으로부터 음파를 일정한 거리에 전파시켜 각각의 메아리의 도달시간의 변화를 조사하면 그 사이의 음속장(音速場)의 변화를 알 수 있을 것이라는 시도가 해양 음향 토모그래피이다. 이런 생각을 바탕으로 약 100 km 사이의 해양의 음속장의 변화를 조사하는 실험이 1981년에 버뮤다섬 앞바다에서 실시되어 성공을 거두었다. 그리고 이 음속의 변화는 주로 온도변화에 의해서 생기는 것이므로 난수괴(暖水塊)나 냉수괴(冷水塊)의 형성이나 이동을 검출할 수 있게 된다. 관측선으로부터 수온관측을 하는 것과 같은 효과가 음향계측으로써 할 수 있는 것이다.

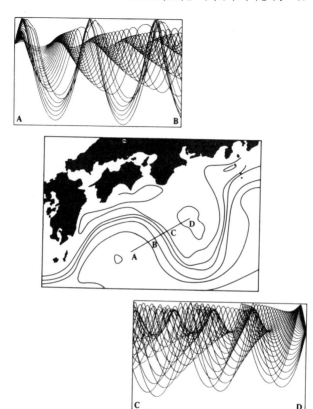

그림 2 구로시오를 횡단하는 음향신호의 전파상태

해양의 난수괴나 냉수괴의 지름은 100~200 km의 것이 많으므로 약 500 km의 거리에 대해서 토모그래피(tomography)를 실시하는 것이 미국에서 계획되고 있다. 일본에서도 일본 근해의 해양변동을 조사하기 위해서 해양 음향 토모그래피의 도입을 일본 기상청에서 검토하고 있다.

토모그래피의 " tomo"는 그리스어의 " 끊는다"는 의미이다. "끊는 상(像)"의 토모그래피는 그 밖의 분야에서도 여러 가지 형태로 이용되고 있다. 예를 들면, 뇌윗과의 진단에서도 역시 음파를 사용한 토모그래피기술이 사용되고 있고, 컴퓨터의 힘을 빌기 때문에 CAT라고도 불리고 있다. 또 야구스기(屋久杉)라는 삼나무의 연령측정에 도쿄대학 생산기술연구소의 CAT가 사용되기도 했다.

남극해의 폭풍우에 의한 파도는 캘리포니아 앞바다나 영국 앞바다에서도 측정되는데, 남극으로부터 북극까지의 거리가 약 2만km이므로 음향신호의 도달거리의 기록인 2만km는 이것을 능가하는 거리이다.

12. 물고기의 대화 · 수중음

　바다 속에 수중 마이크로폰을 넣으면 파도소리, 오가는 배의 스크류소리, 엔진소리 등에 섞여서 물고기나 갑각류, 조개류 등의 생물이 내는 소리가 똑똑히 들린다. 특히 야간에는 이들 생물소리로 시끄러울 정도이다.

　우리 육상에 사는 사람에게는 물 속의 소리는 거의 들리지 않는다. 물과 공기는 밀도나 탄성이 크게 다르기 때문에 수중음의 99.9%가 수면 아래서 반사하여 공기 속으로는 나오지 않기 때문이다. 그러나 정적의 세계라고 생각되는 바다 속도 사실은 육상에 못지 않는 소음의 세계이다.

　소리의 전파속도(傳播速度)는 매체의 밀도나 온도, 그리고 염분의 농도에 의해서도 영향을 받는다. 물의 밀도는 공기의 약 5,000배이기 때문에 소리의 전파속도도 민물 속에서는 1,500 m/초, 해수 속에서는 1,540m/초로서 공기 속의 약 ·4.5배의 속도이다. 따라서 물 속에서는 정보의 전달수단의 하나로서 소리가 유효한 것은 확실하다.

　그런데 물고기 중에서도 소리를 내는 것이 확인되어 있는 것은 현재까지 200종 이상이나 있다. 또 물고기가 매우 뛰어난 청각을 가졌다는 것도 알고 있다. 따라서 물고기가 소리를 사용하여 어떠한 커뮤니케이션을 하고 있다는 것은 충분히 있을 수 있는 일이다.

❖ 물고기의 발음

물고기에는 성대와 같은 특별한 발음기관이 없으므로 당연히 다른 기관을 대용해서 소리를 내게 된다. 물고기의 발음 메커니즘에는 크게 나누어 다음의 세 가지가 있다.

첫째 방법은 턱의 이빨이나 인두치(咽頭齒), 지느러미의 가시, 뼈 등을 서로 문질러대거나 두들겨대거나 하여 소리를 내는 방법이다. 이렇게 해서 나온 소리는 부레에서 공명되어, 이를 가는 것과 같은 마찰음이 된다. 복어나 파랑쥐치는 어깨뼈를 서로 문질러대거나 아래 위의 이빨을 악물고 소리를 내며, 벤자리과의 물고기는 인두치를 마찰하여 소리를 낸다. 해마는 턱뼈와 등뼈를 마찰하고, 성대는 후쇄골(後鎖骨)을 마찰시킨다. 또 철갑둥어나 쏠종개는 가슴지느러미나 배지느러미를 마찰하여 소리를 낸다. 이들은 진동수가 1,000~4,000Hz 의 소리로 된다.

다음, 둘째 방법은 부레나 부레 부근의 근육을 급속히 진동시켜 소리를 내는 방법이다. 아귀에 가까운 토드피시(toad fishes)는 심장형을 한 부레 양쪽에 폭넓은 한 쌍의 근육띠를 갖추고 있다. 부레는 중앙에 작은 구멍이 벌어진 엷은 막으로 전후 2실로 나누어져 있고, 양쪽 옆의 근육이 신축하는데 따라서 후실의 공기가 전실로 뿜어내어진다. 이 때 간막이의 엷은 막이 진동해서 소리가 나게 된다.

보구치나 조기, 동갈민어 등 동갈민어과의 물고기는 영어로는 크로커(Croaker)로 불리듯이 소리를 잘 내는 것으로 유명한데, 부레에 접한 부분의 체측근(體側筋)이 좌우가 다 잘 발달하여 급속히 신축해서 소리를 내게 된다. 소리는 부레에서 공명하여「구」니「부」니 하는 신음소리와 같은 소리가 된다.

얼게돔, 줄벤자리, 쏨뱅이, 동자개 등은 두개골의 뒤쪽에서부터 좌우로 2개의 굵은 근육이 부레로 향해서 뻗어 있고, 이

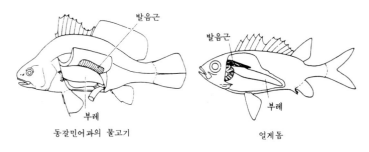

그림 1 물고기의 발음근〔Tavolga, 1971에서〕

근육이 진동하여 소리가 나오고 부레에서 공명시킨다. 기타에 비유하면, 근육이 현이고 부레가 공명동(共鳴胴)에 해당하는 셈이다. 역시 「구」, 「부」니 하는 소리가 나온다. 이들 소리의 진동수는 75 - 100Hz 정도가 된다.

그런데 부레 부근에 있으며 발음에 사용되는 근육은 발음근(發音筋)이라고 불리며, 다른 체측근 등에 비교하면 매우 빠르게 반복 수축을 한다. 일반적으로 근육은 50회/초의 속도로 신축시키면 강축(强縮), 즉 축소된 채로의 상태가 되지만, 얼게돔이나 동자개 무리의 발음근은 200회/초, 토드피시의 것은 100회/초의 속도로서도 강축으로는 옮겨가지 않는다. 이들 물고기의 발음근의 근섬유(筋纖維)를 전자현미경으로 조사해 보면, 각 섬유 사이로 모세혈관이 매우 빽빽하게 달리고 있고, 산소의 공급이 매우 풍부하게 이루어지고 있다는 것을 알 수 있다. 또 섬유의 세포질 내에는 근형질 소포체(筋形質小胞體)라고 불리는 소관구조(小管構造)가 두드러지게 발달해 있다. 이것은 근육의 수축에 불가결한 Ca^{2+}를 저장하고 있는 구조라고 생각되고 있는데, 이들의 구조가 잘 발달해 있는 것이 급속한 신축을 가능하게 하고 있을 것이다.

세째 발음법은 유영(遊泳)의 방향이나 속도를 갑자기 바꿈으

로써 내는 방법이다. 행동음(行動音) 또는 유영음(遊泳音)이라
고 불리며 500Hz 이상의 진동수의 소리로 된다.

❖ 물고기의 대화

많은 물고기가 여러 가지 방법으로 소리를 내고 있는데, 그들
은 어느 때에 소리를 내고, 어떻게 소리를 이용하고 있는 것일
까?

버뮤다제도 주변의 산호초에 사는 얼개돔의 무리들은 "구"
라는 신음소리와 "톤톤"하는 스타카토(staccato, 斷音)로서
내는 두 종류의 소리를 내어 각각 가려 쓰고 있다. 이 물고기
는 산호초의 오목한 곳에 세력권을 만들어 다른 물고기가 오면,
각각의 지느러미를 세워서 맹렬하게 공격한다. 이 공격 때에는
"구"라는 신음소리로 상대를 위협한다. 그런데 침입자가 자
기보다 명확히 크거나, 갑자기 나타났을 경우에는 "톤톤"이
라는 소리를 내면서 일시적으로 퇴산한다.

산란기가 되면 수컷이 암컷에 소리를 내어 사랑을 구하는 물
고기도 있다. 미국 대서양 연안에 분포하는 토드피시는 "부"
하는 신음소리와 "퓨퓨"라는 뱃고동과 같은 소리를 낸다. 이
물고기는 산란기가 되면 수컷이 돌밑이나 조개껍질 등을 보금
자리로 하여 세력권을 형성하고, 고동소리로 활발하게 암컷을
자기 둥지로 유인한다. 이 고동소리에도 발음의 횟수나 간격을
잡는 방법에 따라서 몇 가지 종류가 있으며, 암컷을 부를 때,
혹은 암컷이 둥지 안에서 산란을 시작할 때 등 가려쓰고 있는
것 같다. 암컷은 산란을 마치면 둥지로부터 떠나지만, 수컷은
그 뒤에도 남아서 알을 보호한다. 이 때 다른 물고기가 둥지로
접근하거나 하면, 글자 그대로 신음소리를 내어 상대를 격퇴한
다.

아조프바다(Sea of Azov)에 사는 망둑어의 무리도 산란기가

되면 수컷이 둥지를 만든다. 둥지 속에서 수컷은 귀뚜라미가 우는 것과 같은 소리로 암컷을 유인하면 몇 마리의 암컷이 둥지 주위로 모여든다. 암컷은 산란준비가 끝나면 수컷에 대해서 특별한 소리를 내어 신호를 한다. 그런 뒤에 수컷은 한 마리의 암컷을 둥지 속으로 끌어 들여서 축복받는 한 쌍이 되는 것이다.

이들 물고기에서는 암컷의 산란을 자극하는 요인으로서, 수컷의 구애행동과 마찬가지로, 수컷이 내는 소리가 한 몫을 하고 있다.

이 밖에 산란기가 되면 소리를 잘 내는 물고기로서 동갈민어나 조기가 잘 알려져 있다. 그들의 "부 부"하는 소리는 매우 커서 배 위의 어부의 귀에도 시끄럽게 들릴 정도이다. 또 보구치도 산란기가 되면 수컷이 율동적인 소리를 내어 암컷을 유인하여 짝을 맞추는 사실이 알려져 있다.

❖ 소리와 어업

물고기가 먹이를 먹을 때에는 종류에 따라서 각각 특징적인 소리를 낸다. 잉어나 메기 등은 먹이를 씹지 않고 그대로 삼키는데, 이 때는 "퍽"하는 소리를 낸다. 또 농어 등은 인두치와 턱니로 먹이를 씹을 때에 이를 가는 듯한 마찰음을 낸다.

그래서 이들 물고기를 수조 속에서 사육하여, 먹이를 먹을 때의 소리를 녹음하여, 이 소리를 수중 스피커로 수조 속으로 퍼뜨리면, 물고기들은 스피커 주위로 모여들어 먹이를 찾는 행동을 보여 준다. 먹이를 먹는 소리는 동료에게 먹이의 존재를 알려 주는 일종의 신호로 되어 있을 것이다. 이같은 소리에 대한 반응을 이용하여 어군을 모으거나 그물 속으로 유인하려는 시도가 있다.

또 최근에는 참돔의 치어를 대량으로 사육하여 바다로 방류

하는 사업이 활발히 행해지고 있는데, 여기서도 소리를 이용하여, 치어를 방류한 후에도 먹이를 공급하려는 시도가 이루어지고 있다. 참돔의 치어를 사육할 때 1년간 먹이를 줄 때의 특정한 소리를 퍼뜨려서 기억하게 한다. 그리고 방류 후 바다 속에 수중 스피커로서 같은 소리를 퍼뜨려서, 참돔이 모여들면 먹이를 주려는 것이다. 현재 방류 후 19개월 동안이나 이 소리에 반응하여 참돔이 모여들었다고 하며 상당한 성공을 거두고 있는 것 같다. 또 방류 후 위험한 수역을 피하게끔 소리를 사용하여 유도하려는 계획도 있다.

물고기가 내는 소리에도 의미가 있으며, 그것을 사용하여 간단한 대화를 하고 있는 물고기도 있다는 것을 알았으리라고 생각한다. 보다 연구가 진행되면 장래에는 물고기와 대화하는 날이 올지도 모른다.

13. 물고기의 눈

물고기들이 먹이를 찾고, 무리를 확인하며, 살아갈 장소를 결정하는 데에 시각을 사용하고 있다는 것은, 그들이 모두 큰 눈을 가지고 있는 것으로부터도 명백한 일이라고 생각된다.

과연 물고기는 우리와 같은 눈을 가지고 마찬가지로 물체를 보고 있을까? 생선가게의 점두에 늘어선 물고기들, 수족관의 수조 속을 유유히 헤엄치는 물고기들의 눈을 살펴보자. 먼저, 눈에 띄는 것은 물고기의 눈에는 눈꺼풀이 없고 안구가 그대로 드러나 있는 점일 것이다. 물 속에서 생활하고 있는 그들은 항상 각막이 물에 씻겨지고 있기 때문에, 우리 육상생활자의 눈처럼 각막이 마르는 것을 눈꺼풀로 방지할 필요가 없다. 물고기는 눈꺼풀이 없어도 아무 지장이 없다.

물고기의 눈에는 이 밖에도 우리의 눈과는 다른 특징이 몇 가지 있다. 그들의 눈은 어떤 구조로 되어 있으며 또 그 눈으로 물체를 어느 정도 식별하고 있는 것일까?

❖ 물고기의 눈의 구조

물고기의 눈도 기본적으로는 우리 눈과 같이 바깥쪽에서부터 각막, 전방(前房), 렌즈, 유리체, 그리고 망막으로 구성되어 있다(그림 1).

그러나 물고기의 눈을 자세히 관찰하면 수정체가 매우 두껍고 거의 구형을 이루고 있는 것을 알 수 있다. 우리 육상동물의 경우, 눈의 표면을 덮는 각막의 밀도가 공기보다 높고, 공기

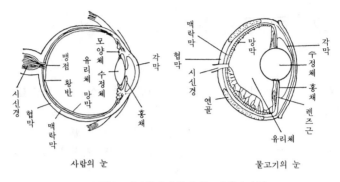

그림 1 사람의 눈(좌)과 물고기의 눈(우)

속을 통과해 온 빛은 각막에서 상당히 집속(集束)된다. 그런데 물고기의 경우는 물과 각막과의 밀도에는 큰 차이가 없으므로 빛을 집속할 수가 없다. 그 때문에 보다 두껍고 강력한 렌즈가 필요하게 되었다.

그런데, 뱀장어나 넙치 등을 제외한 대부분의 물고기는 홍채 (虹彩)를 신축시켜서 동공의 크기를 조절할 수 없으며, 눈으로 들어 오는 빛의 양을 조절할 수가 없다. 이 때문에 물고기는 망막이 특수한 운동을 하여 홍채의 기능을 어느 정도 보충하고 있다.

물고기의 망막에는 안쪽에서부터 검은 색깔의 멜라닌(mela-nin)색소를 함유하는 색소상피층(色素上皮層), 간상체(桿狀體)와 추상체(錐狀體)라고 불리는 두 종류의 시세포(視細胞)가 늘어선 층, 그리고 그 바깥쪽에 양극세포(兩極細胞), 수평세포라고 하는 형태가 다른 신경세포와 뮐러세포라고 불리는 지지세포로써 이루어지는 층이 있고, 맨 바깥쪽에 시신경 세포층(視神經細胞層)이 있다. 빛이 들어오면 먼저 흥분하는 것은 "간상체"와 "추상체"로써 이루어지는 시세포로서, 이 흥분이 양극세포와 수평세포로 전달되어 신경절세포(神經節細胞)를 통해서 중추신경으로 전달된다.

이 두 종류의 시세포 ─간상체와 추상체는 각각 그 기능이 다르다. "간상체"는 어두운 곳에서 작용하여 명암(明暗)을, "추상체"는 밝은 곳에서 작용하여 색체(色彩)를 식별한다. 그래서 물고기를 밝은 곳에 두면 가장 안쪽에 있는 색소상피층이 간상체를 감싸듯이, 또 추상체를 밀어 올리듯이 뻗어서 추상체가 주로 기능하게 된다. 반대로 어두운 곳에 물고기를 두면, 색소상피층에 의해서 간상체가 전면으로 나와 기능하게 된다. 이같은 망막운동은 곱사연어나 연어에서 1 lux(룩스), 홍연어에서 0.1 lux, 은연어나 전갱이에서 0.01 lux, 농어에서 0.04 lux를 경계로 일어난다는 것이 확인되어 있다.

❖ 물고기의 눈의 성능

눈으로 판별할 수 있는 가장 근접한 두 점과 눈의 중심이 이루는 각도를 분(分)단위로서 나타낸 것을 눈의 "분해력"이라고 한다. 물체를 식별하는 능력, 즉 "시력"은 분해력을 역수로 나타낸 것으로서, 주로 눈의 수정체, 원근 조절의 양부, 망막 내의 시세포의 밀도에 의해서 좌우된다. 물고기의 수정체의 분해력은 1분 이하로서 렌즈로서는 상당히 뛰어난 성능을 갖고 있다.

그렇다면 물고기의 눈의 원근 조절 능력은 어떠할까?

물고기의 수정체는 우리의 수정체와는 달라서 두께를 변화시킬 수가 없다. 그 때문에 수정체 밑에 붙어 있는 렌즈근(筋)에 의해서 수정체를 앞뒤로 이동시켜 원근을 조절한다. 말하자면, 렌즈와 필름과의 간격을 조절하여 핀트를 맞추는 카메라와 똑같은 원리를 이용하는 것이다. 따라서 「수정체의 이동거리」를 조사하면 원근 조절의 가능한 범위를 알게 된다.

이렇게 해서 조사해 보면 연안성 능성어, 농어, 참돔 등은 무

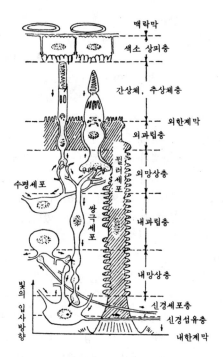

맥락막

색소 상피층

간상체, 추상체층

외한계막

외과립층

필러세포

외망상층

수평세포

쌍극세포

내과립층

내망상층

빛의 입사방향

신경세포층

신경섬유층

내한계막

그림 2 물고기의 망막(야마다, 1967에서)

한원(無限遠)에서부터 눈앞 5～10 cm까지, 망치고등어는 24 cm까지 핀트를 맞출 수 있는 것 같다. 한편, 잉어, 붕어, 메기, 뱀장어 등은 수정체가 거의 움직이지 않고 원근 조절도 하지 못하는 것으로 보인다.

다음, 망막 즉 필름의 성능은 어떨까?

"망막"의 분해력은 필름과 마찬가지로 감광물질인 시세포, 특히 추상체의 밀도에 좌우된다. 이 추상체의 밀도는 망막 위에서 한결같지 않고 시축(視軸)이 닿는 부분이 가장 높게 되어 있다. 예를 들면, 도미 등과 같이 바닥에 있는 조개나 작은 동

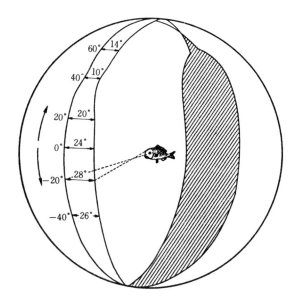

그림 3 참돔 눈의 쌍눈 시야〔다무라, 1977에서〕

물을 먹이로 하는 것은 시축이 하향(下向)이기 때문에 망막 후
상부(後上部)의 추상체밀도가, 또 표층을 헤엄치는 물고기를
덮치는 가다랭이 등은 시축이 상향(上向)이기 때문에 망막 후
하부(後下部)의 추상체밀도가 높아져 있다. 또, 용치놀래기와
같이 추상체밀도가 높은 부분이 망막 후상부와 바닥부(底部)의
두 군데에 있고, 먹이를 찾을 때는 후상부를, 모래에 잠겨 머
리만 내밀고 있을 때는 바닥부를 사용하는 변종(變種)도 있다.
어쨌든, 이들 부분의 추상체밀도로부터 물고기의 망막 분해력
을 추정하면 5~10분 사이의 값이 된다. 사람의 경우에는 약
1분이므로 물고기의 시력은 사람의 1/5~1/10이 되는 셈이
다.

그런데 물고기의 눈은 수정체가 돌출되어 있기 때문에 시야가 매우 넓어져 있다. 참돔에서는 꼭지각이 180° 가까운 입체각으로 되며, 그 중 앞쪽의 최대 20°의 나비 부분이 좌우에서 겹쳐진다. 이 부분이 이른바 쌍눈시야(兩眼視野)가 되고, 이 중심에 시축이 있다. 물고기에 있어서 이 쌍눈시야의 범위에서는 물체가 확실히 보이고 있지만, 그 밖의 홑눈시야(単眼視野)의 부분에서는 원근 조절도 되지 않고 물체도 뚜렷이 보이지 않는다.

❖ 물고기의 색체감각

물고기의 망막 속에는 색체를 식별하는 추상체가 있는 데서부터 색체감각이 있다는 것은 쉽게 상상할 수 있다. 그러면 어느 정도로 색깔을 구별할 수 있을까?

학습법(學習法)으로 잉어의 색체감각을 조사한 실험이 있다. 여러 가지 색깔의 접시를 만들어 수조 속에서 항상 일정한 색깔접시로 먹이를 주게 한다. 그러면 그러는 동안에 잉어는 먹이가 없더라도 정해진 접시에 다가오게 된다. 즉, 색깔을 식별할 수 있게 된다. 이 실험은 색깔접시뿐만 아니라 스펙트럼을 사용하더라도 마찬가지이다. 이렇게 해서 여러 가지 색깔로 실험한 결과 적, 황, 녹, 청, 자(紫)색, 또 사람에서는 감지할 수 없는 자외선도 식별할 수 있다는 것을 알았다.

색채감각을 조사하는 데는 이 밖에 전기생리학적(電氣生理學的)으로 증명하는 방법도 있다. 망막을 잘라내어 빛을 쬐이면, 망막 속의 수평세포에서 활동전위(活動電位)가 발생한다. 이 전위를 S전위라고 부르는데, 이 전위에는 모든 파장의 빛에 대해서 같은 응답을 나타내는 L형 전위와, 파장에 따라서 다른 응답을 나타내고 색채의 식별에 관계하고 있는 것으로 생각되는 C형 전위의 두 종류가 있다. 이 " C형 전위 "의 종류를 조사하면 이 물고기의 색채감각도 알게 된다. 감성돔, 농어, 망치고등어, 가다랭이, 참다랑이 등은 C형 전위를 전혀 볼 수 없는 한 종류뿐이고, 색채감각이 빈약하다고 할 수 있다. 숭어나 잉어에는 4~5종류의 C형 전위를 볼 수 있으며 풍부한 색채감각을 갖는 물고기의 대표로 들어진다.

❖ 별난 심해어의 눈

빛이 거의 닿지 않는 수심 수백m의 심해에 사는 물고기에는 매우 특수화한 눈을 가진 것이 있다. 예를 들면, 렌즈가 퇴화

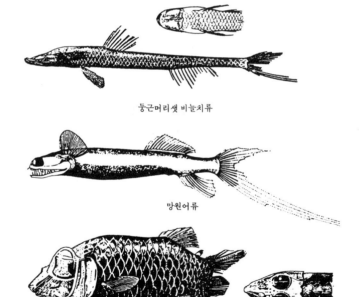

둥근머리샛 비늘치류

망원어류

들창눈샛 멸류

그림 4 심해어의 특수한 눈〔무네미야, 1983에서〕

하여 없고 망막만이 판자모양으로 되어서 남아있는 둥근머리 샛비늘치, 눈 전체가 망원경처럼 통모양으로 된 망원어나 들창 눈샛멸 등이다. 어느 것이나 적은 빛을 효율적으로 감지하기 위한 연구인 것이다. 또 심해어의 대부분은 빛을 쬐면 요염하게 빛나는 고양이 같은 눈을 갖고 있다. 이것은 망막의 가장 깊숙한 곳에 타페텀(tapetum)이라고 불리는 구아닌(guanine)을 함유하는 층이 있고, 이것이 일종의 반사경이 되어서 한 번 망막을 통과한 빛을 반사시키는 것이다. 적은 빛을 두 번 망막을 통과시켜서 보다 감도를 높이려는 것이다.

그런데 심해어 중에는 푸른눈매퉁이, 긴가슴매퉁이, 남색별매퉁이 등과 같이 황색 수정체를 갖는 것이 있다. 이 황색 수정체는 서식하는 수심에 도달하는 빛의 30%를 흡수해 버린다. 어둠 속에서 다시 색안경을 끼고 있는 격이다. 왜 그들은 이와 같이 얼핏 보기에 불편하게 생각되는 수정체를 갖고 있는 것일까?

실은 그들은 모두가 발광어(發光魚)이며 그 발광 스펙트럼은 황색 수정체에는 거의 흡수되지 않는다. 그들의 눈에는 동료들이 내는 빛이 특히 잘 보이는 것이 된다. 동료를 색안경에 의해서 식별하고 있는 셈이다.

14. 심층의 해수는 흐르고 있는가?

물과 기름을 같은 용기에 넣어 보자. 밀도가 큰 물 위에 밀도가 작은 기름이 겹쳐져서 2개의 층이 형성되는 것을 알 수 있을 것이다. 바다의 평균수심은 약 4,000m인데, 심층의 해수가 될수록 밀도는 커지고 있을까?

해수의 밀도는 온도와 염분, 압력으로 결정된다. 이 중에서 염분은, 과거에는 해수 1kg 속에 녹아 있는 소금 등 염류의 중량으로서 정의되어 있었다. 실질적인 양이 약 35g이므로 천분율(千分率)을 사용하여 35퍼밀(per mil)이라 불리었다. 그 뒤 해수의 전기전도도(電氣電導度)를 측정하여 염분을 결정하게 되었고, 1978년에 실용 염분척도(實用鹽分尺度)가 국제적으로 사용되게 되면서, 중량이나 중량비가 아닌 무명수(無名數)로 되었다.

그런데 해수의 온도와 염분이 일정하더라도 용기 속에서는 하층의 밀도가 커진다. 이것은 압력 때문에 부피가 작아지기 때문이다. 해양을 관측해 보면 심층수쪽이 상층의 물보다 밀도가 크게 되어 있다. 압력뿐 아니라 심층수가 염분도 높고 온도도 낮기 때문이다.

❖ 바람에 의한 상하 소용돌이의 발생

물과 기름이 들어 있는 용기를 다시 한 번 생각해 보자. 바다 위에는 바람이 불고 있다. 기름 위로 바람이 불면 기름은 바람이 불어가는 쪽으로 움직이기 시작할 것이다. 이 상태가 계속되면 용기의 가장자리에서는 아래로 향하는 흐름이 생기고, 표면에서는 바람이 불어가는 쪽으로, 아랫면의 물과의 경계에서는 바람이 불어오는 쪽으로 향하는 흐름이 생긴다. 기름 밑의 물에 대해서는 윗면에서 기름이 흐르기 때문에 이것에 끌려서 운동이 시작된다.

그림으로 그려보면 상하로 두 개의 톱니바퀴가 맞물린 것이 된다. 매끈하게 회전하는 톱니바퀴라면, 하나의 톱니바퀴를 돌리면, 다른 톱니바퀴도 반드시 회전한다. 유체(流體)의 경우는 점성(粘性)으로 결부되어 있으므로 수많은 소용돌이(eddy)가 생길 것으로 생각되며, 또 바람의 힘은 점성 때문에 열로 되어, 하층으로는 운동이 전해지지 않는다는 것도 생각할 수 있다. 물과 기름의 모형에서 명백한 일의 하나는, 물의 층은 기름 위로 올라가는 일이 없다는 사실이다.

❖ 심해수의 나이와 침강 시스템

그런데 심해의 해수는 어디서부터 왔을까? 태고 적에 저온의 짙은 소금물이 생겼고, 그 후 밀도가 작은 해수가 생겨서 겹쳐진 것일까? 또 심층의 해수는 표층으로 나오는 일은 없을까?

해수의 연대를 측정할 수 있으면, 이 문제의 하나가 해결된다. 그러기 위해서는 해수 속에 녹아있는 이산화탄소 속의 동위원소의 비율을 측정한다. 어떤 해수가 해면에 있었을 때, 그때의 공기 속의 이산화탄소를 녹여 들인다. 그 해수가 해면 밑으로 침강하면 이산화탄소의 공급이 단절된다. 용해 가스 속의 ^{14}C는 반감기 5,730년으로 감소해 가기 때문에, 해면하에 있는 시간에 비례해서 감소하게 된다. 이 감소비율로부터 해수의 연대가 결정된다.

이같은 방법으로 측정한 일본 동쪽의 북태평양의 해수의 연대는 수심 약 2,000m층이 가장 오래되고, 4,000m보다 하층 쪽이 약 500년이나 젊다는 결과가 얻어졌다. 또 적도해역의 4,000m층의 연대는 북위 30°의 4,000m층보다 약 300년이 젊고, 북태평양의 저층수는 약 300년 사이에 3,000km나 북 상하고 있는 것으로 생각된다. 이것은 연간 10km, 초당 0.03 cm라는 완만한 운동이 된다. 이같이 저층수의 기원을 더듬어 가자 남극해에서 침강하고 있다는 것을 알게 되었다(제1권- 5. 참조).

해수가 침강하기 위해서는 밀도가 커져야 한다. 심층 해수의 온도는 약 1℃로서, 압력 때문에 단열적(斷熱的)으로 압축되 어 있기 때문에, 온도계를 내려보면 1.5℃쯤이지만, 해면 가 까이에 있을 때는 약 1℃라고 생각하면 된다. 한국 근해에서는 겨울의 기온은 1℃ 이하로 되지만, 이것만으로는 침강이 일어 나지 않는다. 심층해수와 같은 밀도가 되기 위해서는 염분 농 도가 더욱 높아야 한다는 조건이 된다.

표층수의 염분은 해빙(海氷)이 생길 때에 높아진다. 해수가 얼어붙을 때는 거의 수분만이 굳어지고, 해빙은 염분이 작아서, 주위의 얼음에서 배출되는 염분으로 해수의 농도가 높아진다. 그 때문에 심층수가 형성되는 해역은 남극해와 북대서양에 한 정된다. 태평양 북부의 표층수는 겨울철에 냉각되더라도 약 800 m층의 해수와 같은 밀도로 밖에 되지 않고, 그보다 깊은 층의 해수와 같은 밀도의 해수는 북태평양에서는 형성되지 않는다. 이것은 태평양의 북부가 알류산열도에서 가로막혀 있기 때문에 북위 50°까지라고 생각해도 되는데다, 그 북쪽의 베링해를 생 각하더라도 북위 60°까지 밖에 안된다. 이에 대해서 대서양은 북극해까지 심층으로 이어져 있기 때문에, 저층수의 형성에 관 해서는 태평양과 대서양에서 이렇게 달라진다.

❖ 중규모 소용돌이

대서양에서는 노르웨이해에서 침강한 심해 저층수가 미국 동해안을 따라서 남하하고 있는 것이 되고, 같은 미국 동해안의 표층에는 일본의 구로시오에 해당하는 멕시코만류가 북상하고 있다. 1960년대 초에 이론적으로 예언된 이 남쪽 방향으로의 심층류(深層流)를 측정하는 시도가 전개되었다.

심층수와 같은 밀도의 부이에 음향신호 발신기를 부착하여, 관측선으로부터 음향을 사용해서 추적한 결과, 부이의 속도가 50 cm/초나 되어 시간적으로나 공간적으로도 변화하고 있다는 것을 알았다. 또 유속계를 장기간 계류시킨 측정이 실시되어, 주기가 약 100일이고 지름이 약 200 km인 소용돌이운동(eddy motions)이라는 것을 알게 되었다. 이것은 심층수의 대순환 유속의 100배 이상이나 되는 크기이다.

이들 소용돌이운동은 중규모 소용돌이라고 불리며, 멕시코만 류로부터 떨어져 나오는 소용돌이인 것 같다는 것도 알게 되었는데, 태평양이나 다른 해역에서도 관측되기 때문에, "바다의 날씨"라고 명명되어 그 성질과 기원을 온세계의 해양학자들이 연구 중에 있다.

1970년대 후반이 되어 미국 동해안 앞바다의 남쪽 방향으로의 정상적인 흐름의 속도가 유속계로 관측되었다. 그 폭은 30 km로 좁고 유속은 21 cm/초였다. 또 약 5,000 m층인 심층류의 중앙부에서는 방사성 원소인 트리튬의 농도가 높다는 사실도 알았다. 이 원소는 약 20년 전까지에 있은 대기 속의 핵폭발실험에서 대량으로 만들어진 것이다. 따라서 20년 전의 표층에 있었던 해수가 심층을 남하하고 있다는 것이 된다.

1977년에 도쿄대학 해양연구소는 북위 30도, 동경 146도를 중심으로 하여 유속계를 계류하여 해류를 관측했다. 이 관측은 1984년까지 계속되고 있는데, 중규모 소용돌이의 유속이 약 10 cm / 초나 되는 것과, 북위 30 도선에서는 약 80 km마다 평균유속이 북류(北流)와 남류(南流)로 번갈아 가면서 바뀌는 것을 발견했다. 또 평균유속의 세기는 해저 부근에서 강하며 약 10 cm / 초나 된다. 북태평양의 6,000m 층에서도 이와 같이 해수의 운동은 최대 30 cm / 초에나 달한다. 북태평양의 심층 순환은 북위 30도 이북에서는 남류, 이남에서는 북류로 되어 있는데, 대서양처럼 혼슈(本州) 동쪽 앞바다에서 폭이 좁아지고 강한 흐름으로 되어 있을 가능성도 생각할 수 있어서, 유속계를 배치한 관측이 계획되고 있다.

15. 거꾸로 세워서 재는 바다의 온도계

해수욕을 하고 있노라면, 미지근한 물이 있거나, 발밑이 갑자기 차가워지는 일이 흔히 있다. 해수의 온도는 바다의 물리·화학적 성질 중에서도 가장 기본적인 요소로서, 바다에서 사는 생물에게는 중요한 의미를 지니고 있다. 따라서 「해양관측은 수온을 계측하는 데서부터 시작된다」고 말해도 지나치지 않을 것이다. 온도계는 이미 17세기 초에 일종의 공기온도계가 사용되었고, 이어서 물이나 알코올을 사용한 온도계가 만들어졌다. 현재와 같은 수은온도계는 18세기 초에 만들어졌다.

❖ 해수의 온도를 재는 데는?

수온을 측정하려면 온도계를 물에 담구어 그 눈금을 읽으면 되지만, 바다에서는 언제나 눈금을 읽을 수는 없는 일이다. 물론 양동이로 해수를 퍼올려 온도계를 넣고 수온이 변화하기 전에 재빨리 눈금을 읽으면 일단 목적은 달성된다. 이것은 현재도 행해지고 있는 간편한 표면 수온의 관측법이다. 약간 깊은 곳에서는 관측선으로부터 끈을 매단 채 수기(採水器)를 사용하여 급히 해수를 퍼올려서 온도를 측정하지만 이것에는 한계가 있다.

또 바다에서는 깊어질수록 온도가 낮아지는 경향이 있다는 것을 알고, 최저 온도계의 사용도 검토되었으나, 수온이 반드시 수심과 더불어 감소하는 것은 아니며, 역전되기도 한다는 사실을 알았다. 그래서 관측하고자 하는 층의 온도를 유지한

채로 물 속으로부터 끌어 올려서 온도를 읽는 특수한 온도계가 연구되었다. 이것이 거꾸로 세워서 측정하는 이른바 "전도(**轉倒**)온도계"이다. 이 온도계는 1874년 영국의 네그레티(Negretti)와 잠브라(Zambra)가 처음으로 만들었다.

지구는 "물의 행성"이라 일컬어질 만큼 표면의 2/3 이상이 물로 덮여 있다. 더구나 물은 열용량(**熱容量**)이 크므로 지구 표면은 다른 별에 비해서 놀라울 만큼 온화하다. 따라서 해수온도계의 눈금의 범위는 해수의 빙점에 가까운 −2℃에서부터 30℃ 조금까지만 있으면 극지의 해수에서부터 열대의 바다까지 온세계의 바다의 온도를 측정할 수 있다. 하기는 극히 최근 해저에서 수100도의 열수(**熱水**)가 분출되는 곳이 발견되는 등 약간의 예외도 있는 듯하다.

그러나 눈금의 범위는 적어도 되지만, 미세한 온도분포를 관측하거나, 역학적인 계산을 하기 위해서는 1/100℃쯤의 정밀도가 요구된다. 또 바다의 깊이는 태평양 등의 해저가 5,000m정도, 해구가 될 것 같으면 10,000m 이상이므로 그런 곳의 해수온도를 측정하려면, 그 온도계에는 수백 기압, 또는 1000기압이라는 엄청난 수압을 받게 된다. 이 점이 해수온도계를 제작하는 위에서 어려운 점이다.

❖ 전도온도계의 구조

그렇다면 전도온도계는 어떤 구조로 되어 있을까? 얘기가 빗나가지만 우선 체온계를 살펴보자.

체온계는 눈금범위가 더욱 좁기 때문에 모세관을 가늘게 하여 감도를 높이고, 수은구로 통하는 부분을 아주 가늘게 만들고 있다. 수은이 팽창할 때는 억지로 통과하지만, 수축할 때는 수은이 모세관의 눈금부위에 남아서 최고온도를 유지하도록 연구되어 있다. 따라서 검온부(**檢溫部**)인 몸의 표면에서 떼내어

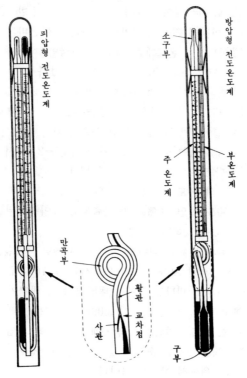

그림1 전도온도계

체온을 읽을 수 있는 것이다. 체온계를 보관할 때는 체온계를 흔들어서 강한 원심력을 주어 수은을 되돌려 놓는다.

전도온도계에는 약간 이것과 비슷한 연구가 되어 있다(그림1). 구부 수은구로부터 눈금부 모세관으로 이어지는 부분에 Y자 모양으로 두 가닥을 만들고, 한쪽은 짧게 하여 끝이 닫혀져 있다. 이 닫혀진 쪽을 사관(死管)이라 하고 눈금부로 이어진 쪽을 활관(活管)이라고 한다. 이 전도온도계를 수은구부를 아래로 하여 물 속에 넣으면 수은은 그 곳의 수온에 따라서 팽창 또는 수축해서 자유로이 활관을 통과한다.

안정된 곳에서 전체를 거꾸로 하면 수은은 사관과 활관과의 교차점보다 위로 나와 있는 부분만이 거기서부터 잘려져서 눈금부 위쪽으로 흘러 떨어진다. 눈금부의 앞끝에는 다른 소구부가 있어서, 거기를 채우고 끊어져 떨어진 수은줄의 머리가 그 때의 수온을 가리키게 눈금이 되어 있다. 이것을 물에서 올려서 읽는다. 이 때에 온도가 올라가면 거꾸로 된 수은이 팽창하여 교차점으로부터 밀려 나오는데, 굵은 만곡부에 갇혀서 대구부의 아래쪽으로 된 수은과 연결되지 못하게 되어 있다.

이상으로 심해층의 수온측정이 가능하지만 아직도 여러 가지 문제가 있다.

❖ 방압형과 피압형

먼저 첫째가 수압의 문제이다. 바다는 약 10m마다 1기압의 비율로 압력이 증가하며 심해에서는 거대한 수압이 된다. 따라서 온도계의 유리가 단단하다고는 하지만, 탄성이 있어서 수은구부에 압력이 걸리면 그 몫만큼 유리가 변형해서 수은이 밀려나오고 깊어질수록 고온을 가리키게 된다. 그래서 수압이 수은구부에 직접 걸리지 않도록 튼튼한 유리로 다시 전체를 덮어 싸고 있다. 구부와 외관 사이에는 별도로 수은을 넣어서 바깥 온도가 구부에 전달되게 하여 있다. 이 온도계를 "방압형(防壓型) 전도온도계"라고 한다. 눈금은 보통 1/10℃까지 구분되어 있고 확대경으로 1/100℃까지 읽을 수 있다.

수압이 걸리는 것을 거꾸로 이용하여 이중관 사이에 해수를 통과시켜 구부에 수압이 직접 걸리게 한 것을 "피압형(被壓型) 전도온도계"라고 한다. 피압형은 「수온＋수압」이 계측될 수 있기 때문에 세트로 해서 계측하여 그 차를 구하면 관측한 수층의 수압을 알 수 있다. 이 층까지의 물기둥(水柱)의 밀도분포를 알고 있으면 수압으로부터 거꾸로 수심을 계산할 수 있다. 밀도분포는 해역에 따라서 다르지만, 그 곳의 평균값을 대입해 주면 상당히 정확한 수심을 구할 수 있다.

❖ 측정값의 부정확성

둘째 문제는 전도되어 끊어져서 현장의 온도를 그대로 유지하고 있을 터인 수은도, 물로부터 끌어냈을 때의 기온의 한난에 따라서 체적이 변화하여 표시 온도가 바뀌어져 버린다. 이것을 보정(補正)하기 위해서 따로 보통의 막대온도계가 봉입되어 있고 눈금을 읽을 때의 기온도 기록해 둔다. 이것을 부온도계(副溫度計), 수온을 가리키는 것을 주온도계라고 한다.

유리의 소재에 따라서도 팽창계수(膨脹係數)가 달라진다. 더욱 복잡한 것은 온도계를 손으로 만들기 때문에 수은이 끊어져서 흘러 들어가는 소구부(小球部)의 부피가 균일하지 않다. 눈금도 절대값보다 약간 어긋나는 수가 있다. 또 피압형의 경우는 구부(球部)의 형상(形狀)이나 두께에 따라서 압력을 느끼는 정도가 달라진다. 또 세월이 지나면 유리는 경도나 부피 등이 조금씩 변화해서, 눈금 자체가 부정확하게 된다. 이래서는 정확한 측정은 불가능하다.

그래서 3년쯤마다 이것들의 값을 재검정하여 그 값을 "전도온도계 총갱정식(轉倒溫度計總更正式)"이라고 하는 꽤 복잡한 방정식에 대입하여 측정값으로부터 수온의 참값을 추산하고, 또 수심을 계산하는 것이다.

❖ 앞으로의 검온장치

이상으로 바다에서 수온을 측정하는 일이 의외로 까다롭다는 것을 알았으리라 생각한다. 보통은 방압형 2개, 피압형 1개의 전도온도계를 채수기(採水器)의 온도계 고정틀에 장비하여,

관측용 윈치와이어로 희망하는 수심층에 여러 개를 부착하여
해수 속에 매달아 둔다. 전도온도계를 작동시키려면 거꾸로 해
야 하는데, 이것에는 메신저라고 일컫는 추를 와이어를 따라서
떨어뜨려주어, 기계적으로 채수기의 물을 밀폐시키는 동시에
온도계를 뒤짚는 방법을 취한다.

전도온도계에는 방압형, 피압형 외에도 천해용(淺海用), 심해
용 등이 있고, 눈금 범위도 목적에 따라서 여러 종류가 있다.
이것들은 또 손으로 만드는데, 온도계 자체도 사관, 활관, 교차
점 등 복잡한 구조를 하고 있기 때문에, 세공이 가능한 숙련자
도 많지 않아, 전도온도계 1개 값이 대학 출신자의 초임 봉급
한달치에 맞먹을 정도라고 한다. 전도온도계는 해양관측의 역사
중에서도 온도의 기준기로서 오랫동안 사용되어 왔다. 현재도
사용되고 있지만 취급방법과 눈금읽기, 계산방법이 까다롭고
응답시간이 느리다는 단점이 있다. 그래서 최근에는 서미스터
라든가 백금저항(白金抵抗)온도계 등 전기적인 계측법이 발달
하여, 정밀도도 매우 높아지고 컴퓨터기술의 진보와 더불어 디
지털화하여 데이터처리까지 단숨에 해내는 기기가 개발되었다.

16. 심해저의 오팔과 탄산칼슘

❖ 심해저의 퇴적물

해저에 깔려있는 퇴적물을 자세히 관찰하면 실로 많은 생물의 시체가 포함되어 있다. 시체가 있다기 보다는 시체 속에 육지로부터 운반되어 온 암석조각이 약간 있다고 표현하는 것이 옳을지 모르겠다. 심해저 퇴적물은 암석의 미세한 조각, 오팔 (opal) 및 탄산칼슘의 세 가지 주성분으로써 이루어져 있다.

암석조각은 거의 규산알루미늄염 광물로서 바람이나 강물에 의해서 운반되어 해양으로 들어온다. 이 때문에 그 양은 대륙으로부터 심해저로 갈수록 점점 적어진다. 심해저에서는 1,000년 동안에 해저 1 cm² 당 평균 0.2 g의 규산알루미늄염이 퇴적된다.

오팔과 탄산칼슘은 바다의 표층수 속에 부유하고 있는 플랑크톤의 시체이다. 오팔은 황갈색 식물인 규조, 원생(原生)동물인 방산충(放散虫)에 의해서 만들어지는 규산질 껍질이다. 생물이 만드는 오팔에 대해서 해수는 미포화(未飽和)상태이기 때문에, 생물이 죽으면 오팔이 녹아버릴 터인데, 녹는 속도가 느려서 녹다 남은 것이 해저에 쌓인다. 오팔이 풍부한 퇴적물은 규조나 방산충이 그 상부에 번식하는 지역에 잘 대응한다. 즉 심층수가 솟아 올라서 표층수에 용존 규산을 가져다 주는 고위도나 적도해역이다.

탄산칼슘은 편모조류의 코콜리트포리드, 원생동물의 유공충, 연체동물인 나사조개의 무리인 익족충(翼足虫)의 껍질이다. 생물이 만드는 탄산칼슘의 결정형에는 두 가지가 있다. 하나는 유공충이나 코콜리트포리드가 만드는 방해석(方解石)이고 또 하나는 익족충이 만드는 선석(霰石)이다. 연안해역에서 볼 수 있는 조개나 산호는 선석인데, 선석은 방해석에 비해서 불안정한 결정형이다.

표층수 속에서 생물에 의해서 만들어지는 방해석이나 선석은 오팔만큼 장소가 한정되어 있지 않고 어느 바다에서나 생산되고 있다. 그렇지만 해저의 퇴적물을 살펴보면 장소에 아주 심한 편중을 볼 수 있다.

❖ 탄산칼슘의 용해

탄산칼슘의 분포를 살펴보면, 선석은 태평양에서는 수 100 m, 대서양에서는 2,500 m까지의 수심의 퇴적물에서 발견된다. 또

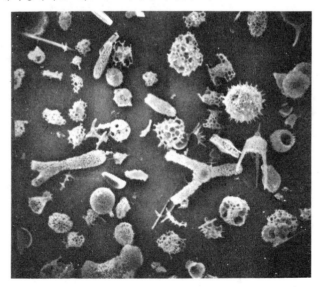

사진 1 심해저 퇴적물 속의 방산충의 현미경사진〔제공 : 니시무라〕

방해석은 태평양에서는 3,500m, 대서양에서는 5,000m까지 인정된다. 아무래도 선석과 방해석은 어느 깊이에 달하면 완전히 녹아 버리는 모양이다. 그리고 선석은 방해석보다 훨씬 얕은 데서 녹는 것 같다.

탄산칼슘의 결정은 수온이 낮으면 낮을수록, 압력이 높으면 높을수록 많이 녹는다. 그리고 해양이 깊어짐에 따라서 수온이 낮아지고 압력도 증가한다. 그런데 태평양도 대서양도 1,000m보다 깊은 곳의 온도는 거의 같다. 압력은 수심에 따라서 결정된다. 그렇다면 왜 태평양과 대서양에서의 탄산칼슘의 용해심도(溶解深度)가 다를까?

그 이유를 설명하기 전에 탄산칼슘($CaCO_3$)의 결정의 용해에 대해서 생각해 보자. 방해석이나 선석의 결정을 온도와 압력이

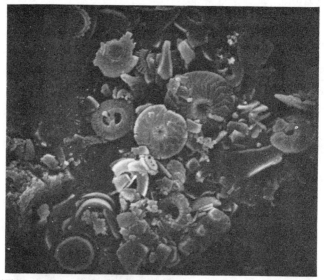

사진 2 심해저 퇴적물 속의 코콜리트포리드의 외각인 코콜리스의 현미경사진
〔제공 : 니시무라〕

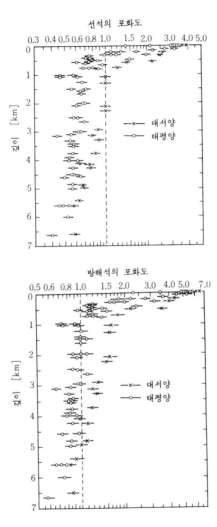

그림 1 태평양 및 대서양에서의 탄산칼슘의 포화도[리 등, 1969에서]

일정한 해수에 담가서 장시간 방치해 두면, 칼슘이온(Ca^{2+})과 탄산이온(CO_3^{2-})의 농도의 곱(積)이 일정하게 된다. 실제의 해수 속의 칼슘이온과 탄산이온의 농도의 곱이 이 값(溶解積)보다 적으면 결정은 녹아 버린다. 미국 컬럼비아대학의 리(Yuan-Hui Li) 등은 태평양 및 대서양에서의 칼슘이온과 탄산이온을 측정하여, 탄산칼슘 결정이 용해되는 심도를 구했다(그림 1). 이 결과는 앞서 말한 퇴적물에서의 관측결과와 잘 일치한다.

그런데 태평양과 대서양의 포화심도(飽和深度)의 차는 태평양의 탄산이온의 농도가 대서양에 비하여 낮은 데에 있다. 그 때문에 양자의 이온농도곱에 차이가 생기는 것이다.

제 1 권 - 5. 「심해수의 나이를 측정한다」에서 말했듯이, 태평양 심해수는 대서양 심해수에 비해서 나이가 많기 때문에 생물조직의 산화에 의한 이산화탄소(CO_2)가 보다 많이 가해져 있다. 이렇게 해서 보태진 이산화탄소는 탄산이온(CO_3^{2-})과 결합하여 탄산이온(HCO_3^-)을 만들기 때문에, 태평양 심층수 속의 탄산이온이 적어지고, 이온농도의 곱이 대서양보다 작아진다. 그래서 위에 말한 용해심도의 차이가 나타나는 것이다.

한편 조개는 선석의 결정이다. 선석은 태평양에서는 수 100 m보다 깊은 곳에서는 녹아버린다. 따라서 과학적으로는 심해의 조개가 된다는 것은 아주 어려운 일이다.

그런데 그림 1 에서 명백하듯이 표층수는 선석과 방해석에 대해서 과포화(過飽和)로 되어 있기 때문에, 탄산칼슘의 결정이 자연히 생겨 날 것이라고 생각할지 모른다. 그러나 해수 속의 마그네슘이온(Mg^{2+})이 탄산칼슘의 결정이 형성되는 것을 방해하고 있어, 그 결정의 성장속도가 극히 느리다. 따라서 탄산칼슘의 결정은 생물의 힘을 빌려서 만들어진다.

❖ 퇴적물의 변화

그런데 해저의 퇴적물은 두 가지의 주된 기원을 갖고 있다는 것을 알았다. 하나는 육지로부터 운반되는 암석조각(赤色粘土)이고 또 하나는 바다의 생물에 의해서 만들어지는 오팔과 탄산칼슘이다. 적색점토는 대륙으로부터 멀어질수록 그 양이 줄어들고, 오팔은 용존규산이 풍부한 심층수가 솟아 오르는 곳에서 많이 퇴적된다. 그리고 탄산칼슘은 표층수 속에서 균일하게 만들어지지만 침강 중에 녹아버린다. 녹는 깊이는 장소에 따라서 다르며, 이렇게 하여 변화가 풍부한 해저라는 무대가 만들어지는 것이다.

17. 해저 6,000 m의 낚시

❖ **대낚기의 가장 깊은 기록**

기네스북에서 조사한 것은 아니지만 대낚기의 세계에서 가장 깊은 기록은 덴마크의 코펜하겐 동물박물관의 올프(Wolf) 박사가 가지고 있는 기록일 것이다. 그는 1966년 모로코 북서쪽의 마데이라섬 앞바다의 4,160m의 해저로부터 체장이 각각 71 cm와 100 cm의 민태류 *Coryphaenoides armatus*를 보기 좋게 낚아 올렸다. 다만 이것은 프랑스의 심해잠수정 「아르키메데스호」로 이곳에 잠강했을 때, 잠수정에 장치한 오징어 토막을 미끼로 한 낚시바늘에 걸린 것이었다.

알고 보면 아무 것도 아닌 것 같지만, 심해생물의 생태학적 연구상 이 사실은 큰 문제를 제기하는 계기가 되었다. 수천m의 심해저에도 대형의 활발하게 돌아다니는 생물이 꽤나 많다고 하는 증거는 1968년 이후, 이번에는 생선덩어리를 심해저에 내려놓고 거기로 몰려드는 대형 생물을 사진으로 관찰하는 방법에 의하여 세계 각 해역의 심해저에서 확인되었다. 그리고 최근에는 먹이에 모여드는 포식자(捕食者)나 해저의 청소꾼을 트랩(trap)이라고 하는 입구가 깔때기 모양으로 된 덫으로 대량으로 포획하여, 이들 심해저의 대형 동물이 심해생태계 속에서 수행하고 있는 사회적 역할을 해명하려는 생물학적 조사가 진행되고 있다.

❖ 심해저에의 영양공급 경로

태양광선이 전혀 닿지 않고 매우 큰 수압과 몇 도 이하라고 하는 저온에 애워 싸인 심해는 흔히 사막의 이미지와 견주어 언급되어 왔다. 사막의 오아시스에 비유되는 대양저 확대축(大洋底擴大軸)을 따라 가면서 있는 해저온천 주변의, 황세균을 핵심으로 한 특수한 생태계(제2권-3. 「해저온천 탐방기」참조)를 예외로 하고, 동물의 생존을 지탱하는 유기물의 생산은 대양의 극히 표층인 유광층(有光層)에서의 식물 플랑크톤의 광합성에 의존하고 있다. 따라서 심해저에서의 대형 동물군이 종래에 예상되고 있던 것보다 훨씬 많다는 사실을 설명하기 위해서는, 이것을 지탱하는 영양공급의 메커니즘을 재검토할 필요가 있다.

심해에의 영양공급에는 크게 나누어 다음의 세 가지 메커니즘을 생각할 수 있다.

하나는 물리적 요인에 의한 수평방향의 수송이다. 먼저 대양의 심층 대순환에 의해서 영양염류가 극방향으로부터 공급된다. 그러나 이것은 동물에게는 직접으로 이용되지 않는다. 그리고 육지에 가까울 경우는 하천이나 바람, 때로는 대륙사면을 따라가며 일어나는 "혼탁류(混濁流)"라고 하는 퇴적물의 사태 현상에 의해서, 육상이나 천해에 기원하는 영양염과 유기물(주로 식물의 유해)이 심해에 공급된다. 그러나 이것도 소형 생물이나 니식성(泥食性) 저서생물에는 이용되지만 대형 포식생물에는 간접적인 의미 밖에 갖지 못한다.

두 번째의 메커니즘은 생물활동에 의한 물질의 수송으로서 "피식(被食) — 포식(捕食)관계"의 사슬을 구성하는 동물이 각각 서식 수심범위를 조금씩 겹쳐 가면서 수직적으로 늘어서 있는 경우나, 어떤 종류의 동물이 주야나 계절 또는 발육과정에서 수직 및 수평방향으로 이동함으로써 간접적으로 유기물이 운반된다. 이 상태를 「먹이의 사다리」라고 표현하는 수도 있

다. 이 사다리가 바다의 심층까지 깨끗이 이어져 있는지 어떤
지는 밝혀져 있지 않고, 이 메커니즘에 의해서 수송되는 유기
물과 에너지의 정량적인 어림이 어려워 연구의 여지가 많이 남
아 있다.

세 번째 메커니즘은 표층으로부터 심층방향으로의 유기물의
낙하에 의한 것이다. 표층의 미소한 식물 플랑크톤이나 이것을
직접 먹는 소형 동물 플랑크톤의 시체는 물론 심층으로 낙하하
지만, 이들이 물속으로 내려가는 속도가 느리기 때문에, 도중
에서 다른 동물에 이용되거나 세균류에 의해서 유기성분이 분
해되어 버리는 일이 많은 것으로 생각된다. 오히려 동물 플랑
크톤이나 어류 등 중층생물의 분립(糞粒)이나 분괴(糞塊)가 상
당한 속도로 낙하하고, 생물이 이용하기 쉬운 유기성분의 함량
은 적다고 하지만, 이것들이 내려 쌓여서 해저를 살찌게 하고
있다는 것을 알았다. 이것은 세디멘트 트랩(Sediment trap)이라
고 하는 깔때기모양 또는 원통형 용기를 일정한 기간 수중 또
는 해저 바로 위에 설치하여, 가라앉는 입자를 포착하여 직접
그 형태나 성분을 연구하는 것으로써 증명되었다. 이 방법은 단
위시간, 단위면적당 유기물의 낙하량을 정량적으로 평가하는
것으로서 현재도 많은 연구자가 사용하고 있다.

❖ **인내와 뜻밖의 행운**

그러나 세디멘트 트랩을 써서 얻어진 심해저의 에너지 결산
보고와 채니기(採泥器)나 트롤을 써서 조사한 해저생물의 재고
조사가 자주 어긋나는 일이 있다. 또 먹이가 달린 트랩으로 잡
혀지거나, 심해 카메라나 잠수정의 관찰로서 확인되고 있는 대
형이고 유영성이 강한 심해동물이 의외로 풍부하다는 사실로
부터, 해양의 표층 부근에 사는 대형 생물의 시체가 세디멘트
트랩으로는 잡혀지지 않는다고 하더라도, 상당한 빈도로서 심

해저에 도달하고 있는 것으로 생각하는 것이 타당할 것 같다.

심해저에 설치한 생선고기를 담은 먹이상자로 모여드는 대형의 유영력이 강한 동물은 장소나 수심에 따라서 약간씩 다르며, 또 모여드는 동물의 시간적 순서에도 약간의 규칙성이 있는 것 같다. 스크립스 해양연구소의 아이작스(Isaacs)들에 의한 수많은 먹이상자가 달린 카메라로 관찰한 바에 의하면, 수심 2,000m 정도까지는 먼저 가까이에 있던 거미불가사리나 새우가 먹이로 떼지어 온다. 그러는 사이에 냄새를 맡은 심해뱀장어나 민태류 등의 어류가 모여들어 먹이를 물어뜯는데, 약간 뒤늦게 도착한 먹장어나 꾀장어의 무리는 먹이에 달라드는 동시에 몸에서 점액을 분비하여 다른 동물을 쫓아내 버린다. 이

사진 1 서부 태평양 B점 (6,200m)의 트랩에 모인 어류(두 마리의 큰지느러미 대구 무리) [제공 : 호리베, 고다마, 가바우]

배타적인 방법을 취하는 동물은 문어거나, 왕게의 무리이다. 그리고 때로는 대형 심해상어도 다가와서 마지막 처리를 한다.

6,000m쯤의 심해에서는 민태무리나 첨치무리가 눈에 띈다. 그러나 후자는 전자에 비해서 약간 조심스럽게 주위에서 기다리고 있는 일이 많은 것 같다(사진1).

수심이 6,000m를 넘는 해구 속에서는 어류가 거의 눈에 띄지 않게 되고, 대신에 엄청난 수의 단각류(端脚類)라고 하는 갑각류(甲殼類)가 떼지어 온다. 이리하여 인공적으로 설치한 수kg 이상의 생선고기도 하루, 이틀 사이에 소비되고 언젠가는 똥으로 되어 넓은 심해저로 분산되어, 결국은 뻘 속이나 표면에 사는 생물을 유지하는 에너지가 된다.

이런 청소꾼의 존재는 아마 자연상태에서도 대형 생물의 시체가 해저로 상당히 많이 떨어져 내리고 있다는 것을 시사하는데, 이런 뜻밖의 행운이 어느 정도의 빈도로 일어나는지는 지금으로서는 추산하는 길밖에 없다. 아마 평소는 되도록 에너지를 사용하지 않고 절약 제1주의로 생활을 견뎌 나가며, 먹이가 떨어져 내리면 재빠르게 이것을 감지하여 포착하는 생활방법을 채용하고 있는 것으로 생각된다. 심해의 청소꾼과 포식자에게 거대화 현상을 자주 볼 수 있는 것도, 넓은 범위의 탐색행동에 유리하기 때문이라고 생각된다.

❖ 거대한 단각류의 생태학

최근, 스크립스 해양연구소의 잉그램(Ingram)과 헤슬러(Hestler)는 중부 북서 태평양의 약 6,000m 해저 부근에 많은 트랩을 장치하여, 심해성의 거대한 단각류(端脚類)의 생태, 특히 해저로부터의 수직분포를 상세히 조사했다. 그 결과 이 해역에서는 털보바닥새우과의 네 종류의 단각류가 다량으로 잡혀지는데, 그 중에서 비교적 소형인 세 종류는 해저 위 4m 이내

에 집중하고, 가장 대형인 1종(체장 1.7~14 cm : 참고로 얕은 바다
나 육상에서 볼 수 있는 단각류는 거의 1 cm 내외이다)은 해저 위 1m
이내에는 오히려 적고, 2~20m의 범위에 집중하며 또 대형이
될수록 해저로부터 멀리 떨어져 있는 것을 볼 수 있었다.

　이들 갑각류는 어느 것도 다 시체의 냄새를 탐지하여　죽은
고기를 탐식하는 전형적인 청소군인데, 먹이를 찾는 방법, 채
집하는 방법에는 분업(分業)이 있는 것을 보여 주고 있다.　해
저 근방에 집중하는 소형 종은, 탐색범위가 좁기는 하지만 비교
적 작은 시체까지도 알뜰하게 모아들이는 것으로서　먹이를 확
보하고 있는 것으로 생각된다. 해저로부터 꽤　떨어져서　사는
대형 종은, 멀리서도 큰 시체의 냄새를 알아내어　재빨리 접근
하는 데에 유리하다. 이것은 마치 쇠파리가 근처에 있는 작은
먹이를 찾아 다니는데 대해서, 곤도르나 매는 하늘의　높은데
서 내려다보고 큰 먹이를 넓은 범위에 걸쳐서 노리는 것과 대
비된다.

　하기는 곤도르나 매는 예리한 시각을 먹이의 탐색에　사용하
는데 대해서, 전자기파(電磁氣波 : 빛)를 거의 통과시키지　않는
물 속에서는 화학적 자극이 가장 쓸모있는 원격감각이　이용되
고 있는 것 같다. 해저 위 수m 이내는 물리학 용어로는　해저
에크만층이라고 불리며, 해저와의 마찰에 의해서　바닥의 물의
흐름이 작아지는데, 그 이상의 높이에 살면서 보다　빠른 물의
흐름에 의해서 운반되는 냄새를 포착하는 훌륭한 지혜는　정말
로 놀랍기만 하다.

　참고로 걷는 것을 잊어버린 해삼(제3권 - 19. 「해삼이 말하는 해
저의 세계」 참조)이 해저 에크만층을 넘어선 높이까지 헤엄쳐 오
르는 것도, 이 강한 흐름을 이동에 이용하기 때문이라고　생각
된다.

　어쨌던 "심해의 낚시"를 기회로 하여 지금까지 소홀하게　다

루어져 왔던 대형 유영성 심해생물의 과학적 평가가 시작되었다. 멀지않아 이들 지식을 가미한 새로운 심해생태학이 구축되려 하고 있다.

18. 심해어의 두 얼굴

❖ 가장 깊은 곳에 있는 물고기

세계에서 제일 깊은 바다는 괌섬에 가까운 마리아나해구에 있으며, 깊이가 10,924m에 달하는 것은 잘 알려진 사실이다. 이것은 한라산 높이의 5배를 넘는 것으로서 그 깊이가 얼마나 깊은 가를 알 수 있다. 이미 1960년에 심해잠수정 트리에스테호라고 하는 미국 잠수정이 이 해연(海淵)의 바닥까지 도달했다는 것은, 이 때의 잠수기록이 일본의 국민학교 교과서에도 「1만미터의 심해로」라는 제목으로 실려 있다.

흥미로운 것은 이 잠수정이 10,916m의 해저에 착지했을 때 물고기를 보았다는 사실이다. 그 부분의 기술은 다음과 같다.

「이 마지막 깊이에서 가만히 멈춰 있으면서 우리는 놀라운 것을 보았다. 물고기다／ 길이 약 30 cm, 폭 15 cm 정도의 넙치의 일종이 두 개의 눈으로, 이 침묵의 세계로 들어온 철로 만들어진 괴물을 가만히 엿보고 있었다. 그 눈은 진정 눈일까? 다만 인광(燐光)이 트리에스테호의 조명에 비추어져서 눈처럼 보여지는 것이 아닐까?」

만약 이것이 사실이라고 한다면 가장 고등한 동물군인 척추동물이 가장 깊은 부위까지 서식하고 있다는 것이 되는데, 이 기록을 자세히 읽어보면, 전반의 상당히 단정적인 부분과 후반의 약간 자신이 없는 부분이 있는 것을 깨닫게 된다. 뒷날 이 '넙치'를 둘러싸고 여러 가지 의문이 던져졌다. 단순히 「물고기가 그런 심해에 있을 턱이 없다」고 하는 이유가 아니라, 「넙치는 어느 쪽인가 하면 연안의 얕은 해역에서 발전하고 있는 물고기로서, 지금까지 알려져 있는 가자미・넙치류의 채집 최심기록이 2,000m를 넘지 않았으므로, 갑자기 1만m 이상의 깊이에서 이 무리가 출현한다는 것은 있을 수 없는 일이다」라고 하는 것이다. 필자도 역시 이 생각에는 동감이며, 아마도 그「넙치」는 그 깊이로부터 분포가 확인되어 있는 해삼을 잘못 보았을 것이라는 설이 옳은 듯이 생각된다.

앞에서 말한 교과서를 사용한 수업에서는, 물고기를 발견한 때의 감격 등에 대해서 서로 토의하는 일 등이 제시되어 있으나, 이런 종류의 다큐멘트를 교재로 채용할 경우에는 신중한 배려가 필요하다는 것을 여기서 강조해 두고 싶다.

❖ 진짜 최심해어

현재까지 직접 채집한 개체에 의해서 확인되고 있는 어류의 최심기록(最深記錄)은 8,370m로 되어 있다. 물고기의 종류는 첨치과(尖齒科)의 무리로서 *Abyssobrotula galatheae*라고 하는 학명(學名)이 붙여져 있다. 이 이름은 「심해저의 첨치류」와 덴마크의 심해조사선 「갈라테아호」를 합쳐서 명명한 것이다. 지금까지 세계의 난온대(暖溫帶)로부터 열대역(熱帶域)에 걸친 3,000m보다 깊은 해역으로부터 모두 11개체 이상이 얻어졌는데, 그 출현이 대륙 연변역(大陸緣邊域)에 치우치는 것은 해구부의 분포로 보아서 당연한 일이라고 할 수 있을 것이다.

이 종류도 상당히 내압성이 크다는 것이 분포심도의 폭으로부터 엿볼 수 있다. 하기는 한 예만 성체(成體)가 중층에서 채집되어 있는데, 그들이 항상 해저에 착지(着地)해 있는 것은 아니라는 것을 알았다. 이런 사실은 채집 심도를 추정하는 위에서 불확실성이 따라붙는 원인으로도 되는데, 채집 개체의 섭취물의 상태 등을 고려하여 채집된 때의 서식장소를 유추하는 것이 보통이다.

포획 최심기록인 8,370m는 대서양의 푸에르토리코해구로부터의 것으로서, 이 때의 개체는 체장 144mm의 암컷이었다. 최대의 개체가 체장 157mm이므로 소형종이라고 해도 좋으며, 초심해저(超深海底)로까지 분포를 확대하기 위해서는 소형이라는 것이 중요한 의미를 갖는 듯하다.

❖ 6,000m의 벽

바다의 성층상태(成層狀態)를 그곳에 출현하는 생물을 지표(指標)로 하여 구분하면 수직적으로 몇 개의 생태구(生態區)가 인정된다. 그 최하층, 즉 최심부의 저생구(底生區)가 "초 심해저대"라고 불리는 곳으로서 6,000m보다 깊은 곳이라고 정의되어 있다. 수온은 1.1~3.6℃로서 주로 해구 내에 존재하는 것이다. 지금까지 이 생태구로부터 기록되어 있는 어종은 이미 말한 종류 외에 네 종류가 더 있는데, 이것들은 한정된 분류군(分類群)에 속해 있고 세 종류가 첨치과(科), 나머지 두 종

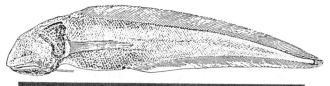

사진 1 세계 1 (상)과 일본 제 1 (하)의 최심해어〔위는 Nielsen, 1977에서〕

류는 꼼치과라는 무리이다. 후자의 대표적인 종으로서 일본해 구의 7,500m 해저로부터 채집된 개체를 사진 1에 보여 두었다. 여기에 보인 두 장의 그림으로부터 최심해어라고 할 망정 그 모양과 형태는 의외로 별나지 않다는 것에 놀라지 않을까?

우리가 "심해어"라고 하면 금방 생각나는 것은 「괴상한 모양을 한 입이 큰 물고기」인데, 아마도 그런 무리는 외양의 얕은 곳을 중심으로 생활하고 있는 것 같으며, 6,000m 보다 깊은 곳으로는 끼어들 수 없는 것 같다. 즉 한마디로 "심해어"라고 하지만, 성육과정이 다른 두 가지 계통이 있다는 것이 현재의 생각이다. 학문상으로는 이것을 낡은 형식의 일차성 심해어(一次性深海魚)와 새로운 형식의 이차성 또는 "육붕성 심해어(陸棚性深海魚)"로 구분한다.

최심해어의 무리가 후자에 속하는 것은 말할 나위가 없다. 그들은 같은 무리가 훨씬 얕은 곳에도 있는 것이 특징이며, 육붕을 따라서 심해로 침입할 때 그다지 체제(體制)를 변형하지 않고서도 목적을 달성하고 있다. 종속(種屬)의 역사의 새로움이 그것을 가능하게 했을까? 근소하게 눈이 퇴행(退行)한 성상(性狀)으로부터 그 노력의 자취가 엿보인다.

한편, 또 하나의 무리는 긴 수염, 커다란 입과 이빨, 발광기 등 어느 하나를 취해 보더라도 환경에 적응하기 위한 특수화가 진행되고 있다. 그림 2에 보인 것은 해저 광물자원을 개발하기 위한 시스템은 해양환경에 잘 적합한 것이 아니면 안 된다는 것을 심해어에서 볼 수 있는 훌륭한 적응성에 빗대어 표현한 만화인데, 여기에 묘사되어 있는 물고기는 분명히 낡은 형식의 무리이다. 외양(外洋)에는 심층해역을 중심으로 이같은 어류가 매우 많이 생활하며, 어떤 것은 일주성(日周性) 수직이동을 하여 해양 속의 물질이동에 큰 역할을 수행하고 있다.

이들 두 개 그룹을 비교해 보면, 각각의 생물이 짊어진 종족

사진 2 심해어의 멋진 적응을 비유한 PR〔Sea Technology, 1980에서〕

으로서의 역사가 예상을 넘는 중압으로 되어서 그들의 생활을
규정하고 있다는 것을 잘 알 수 있다.

19. 삼각어(三脚魚)

❖ 발돋음하는 물고기

일본 최초의 본격적인 심해 잠수조사선 「신카이(深海)2000」
이 활동을 시작한지 얼마 안 되지만 벌써 흥미로운 많은 성과
를 올리고 있다. 그 중에서 주목되는 것의 하나는 해저에서 서
있는 물고기, 거미멸의 모습을 멋지게 포착한 화상이 있다. 이
상하게 길다란 배지느러미와 꼬리지느러미의 연조(軟條)를 갖

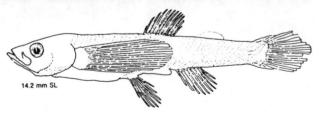

14.2 mm SL

그림 1 거미멸의 성어(위)와 치어(아래)

그림 2 삼각어를 디자인한 상표

고 있어서 " 삼각어(三脚魚)"라고 불리는 이 물고기의 무리는, 19세기의 후반부터 알려져 있었고, 그 연조의 기능에 관해서도 마치 죽마(竹馬)를 탄 것처럼 곤두 서는 것이 아닌가 하고 상상되고 있었다.

잠수정에 의한 직접관찰은 이 예상이 옳았다는 것을 증명했을 뿐 아니라, 실모양으로 뻗은 가슴지느러미 상부의 연조도 지느러미를 나비의 날개처럼 확대하는 역할을 하고 있다는 것이 밝혀졌다. 이들은 정말 씩씩한 모습이라고 부르기에 걸맞는 태세로서 심해저의 해류에 맞서고 있는 것이다. 그 씩씩한 모습은 미국의 어느 해양 관측기기 제조회사의 상표로 사용되고 있 정도이다(그림 2).

그런데 이 가슴지느러미의 역할은 먹이가 되는 플랑크톤의 존재를 알아내는 감각기일 것이라고 하는 것이 일반적인 의견인데, 긴 연조에 대해서는 특히 굵은 척수로부터의 신경이 직접 배선되어 있어 기능의 우수함을 엿볼 수 있다. 아마 이 지느러미를 얼굴 주변으로 뻗힘으로써 두드러지게 퇴화해 버린 시력을 보충하고 있는 것으로 생각된다. 해류로 향해서 가는 것이 먹이와 만나기 쉽다는 점에서 유리하다는 것은 더 말할 나위가 없다.

한편, 몸을 지탱하는 3개의 연조는 신경의 배선도 빈약하고 감각기로서의 기능을 거의 기대할 수 없으며, 지지대(支持台)로서 특수화되어 있는 것이 확실하다. 그런데 저 " 가느다란 다리"로 일어서려면, 설령 물 속이라고 하더라도 웬만큼 몸이 가벼워야 한다. 거미멸류의 몸 구조는 부레가 없다는 점, 튼튼한 골격과 잘 발달한 몸의 근육을 갖고 있다는 점 등 분명히 부유를 위한 수단이 결여되어 있다. 이같은 제약 속에서 해저를 벗어나려고 하는 최대한의 노력을 저 독특한 " 발돋음 "의 포즈에서 볼 수 있는 듯하다.

❖ 해저를 벗어나는 것의 의미

미국의 연구자는 이미 잠수정에 의한 심해어의 생태관찰에 관해서 풍부한 데이터를 갖고 있으며, 거미멸류도 해역에 따라서는 개체수가 꽤나 많다는 것이 보고되어 있다. 지금까지 일본 근해는 이 무리의 기록이 적었는데, 서두에서 말했듯이 앞으로의 조사에 의해서, 그 출현에 대한 정보가 증가할 것이 틀림없다. 하기는 동부 태평양과 같이 뚜렷하게 분포가 드문 장소도 있다.

현재로서는 이들이 북위 55도와 남위 45도 사이의 주로 대륙이나 섬 주변 해역을 중심으로 발견되고 있으며, 수심 250~5,900m가 분포대의 심도이다. 모두 18종류가 있는 가운데서 8종은 1,500m보다 얕은 곳에, 2종은 4,500m보다 깊은 곳에만 살고 있다. 또, 2~3종류에서는 서식 수심의 폭이 3,000m를 넘는 것도 있어 그 내압성이 큰 데에 놀란다. 어쨌든 거미멸이 속하는 분류군 가운데서 다른 세 군은 모두 2~3종류만의 작은 그룹이라는 것을 생각하면 그들의 놀라운 번영 상태가 눈길을 끈다.

좀 대담한 상상을 한다면, 이 번영의 비밀이 해저를 벗어나는 것과 큰 관계가 있는 것이 아닐까 하고 생각된다. 다른 근연 (近緣)의 무리와 마찬가지로, 자웅 동체의 생식방법을 가지며, 같은 수심대에서 생활하고, 더구나 같은 모양의 큰 입을 갖고 있는 거미멸은, 설령 몇 cm일 망정 해저를 벗어나서 생활하고 있다는 점에서 두드러진다.

잠수정으로부터의 관찰에 의하면, 그들은 접근해도 거의 도망칠 줄 모르며, 때때로 놀란 개체가 짧은 거리를 수평으로 헤엄친 뒤 꼬리지느러미를 크게 사용하여 2~3m 위쪽으로 떠올랐다가, 천천히 내려와서 세발서기를 한다고 한다. 또 배로부터의 수압을 받아 옆으로 쓰러지는 개체도 있다고 하므로 아주 약하디 약한 다리라고 할 수 있다. 이런 사실은 그들이 가만히 움직이지 않는 것을 생활의 기본으로 삼고 있다는 것을 가리키는 것이라고 해석된다. 먹이자원이 매우 적은 심해에서는 결코 여분의 에너지를 낭비하지 않는다는 원칙이 우리의 상상 이상으로 중요한 일로 되어 있는 것이다.

그러면 여기서 다시 해저를 벗어나는 일의 의의를 되살펴보기로 하자. 해저는 표층으로부터 떨어져 내리는 물질이 쌓이는 면으로서 당연히 생물의 먹이가 되는 유기물이 많을 것으로 생각된다. 세계 최심부의 해저에 이르기까지 여러 가지 생물이 살고 있는 것은 그 증거이다. 이 해저면을 중심으로 독특한 생

안구가 특수화하여 큰 반사반으로 되어 있다

그림 3 거미멸의 무리〔Mead, 1966에서〕

물사회가 발달해 있는 가운데서, 해저를 벗어나서 이른바 반저생(半底生) 상태에 적응하려는 경향을 볼 수 있다. 몸에 비중이 가벼운 체액을 흡수하여 부유성을 높이려는 노력이 많은 물고기를 비롯하여 무척추동물에서도 공통적으로 알려져 있다. 또 그 중에는 앉아 있는 체로 길게 뻗은 자루부분 끝에 섭이기능(攝餌機能 : 먹이를 섭취하는 기능)을 갖게 함으로써 해저를 벗어나는 것과 같은 효과를 올리고 있는 강장동물 등도 있다. 실제로 거미멸의 생활방법은 이 강장동물과 같다고 할 수 있다.

최근에 와서 해저 바로 위에는 풍부한 영양원이 있고 미소동물이 꽤 많다는 사실이 알려졌다. 거미멸의 위 속으로부터는 부유성이나 저서성의 요각류(橈脚類, Copepoda)라고 하는 작은 동물이 발견되고 있으며, 전체적으로 먹이가 적은 심해에서의 섭이전략(攝餌戰略)으로서 일어 선다는 것이 얼마나 큰 의미를 갖는 것인지를 새삼 통감하게 된다.

❖ 걸맞는 높이

거미멸의 무리에는 다리길이가 다른 두 가지 형식이 있다. 몸길이의 거의 절반 이상의 다리를 갖는 이른바 높은 죽마(竹馬)를 탄 그룹은 전체로 3종류 밖에 알려져 있지 않는 것을 보면, 높이만이 생활에 유리하다고는 말할 수 없는 것 같다. 다리가 가장 긴 것은 체장의 약 1.5배나 되는데, 이것은 몸을 지탱하는 구조의 한계점을 가리키는 것이라고 생각된다. 이런데에서 생물의 적응을 위한 여러 가지 제약이 관계되고 있는 상태를 엿볼 수 있어서 매우 흥미롭다. 엄한 환경 아래에서는 조금이라도 다른 것보다 뛰어난 특징을 지니는 것이 종(種)의 생존과 번영에 연결되는 것은 사실이므로, 「걸맞는 정도」라는 등의 척도는 그다지 중요한 일이 아닐는지도 모른다.

20. 괴물 ─ 키다리게

❖ 세계 최대의 절족동물

좌우의 가위발을 똑바로 펼치면 360 cm, 등껍질의 너비가 38 cm나 되는 울트라 사이즈가 일본 특산의 세계 최대의 게── 키다리게(*Macrocheira kaempferi*)의 모습이다. 거미게과에 속하고 이름 그대로 다리가 긴 것이 특징인데, 곤충이나 새우, 게 무리를 모두 포함한 절족동물(節足動物) 중에서도 제일 키다리라고 할 수 있다.

그러나 체중으로는 키다리게에 못지 않은 갑각류에 타스마니아 근해에 서식하는 *Pseudocarcinus gigas* 라고 하는 게가 있다. 다리는 비교적 짧지만 등껍질의 너비가 60 cm에 가깝고 체중이 20 kg이나 되는 것이 포획되었다. 또 대서양산의 바다가재(*Homarus americanus*)는 왜가재에 가까운 해산 새우인데, 체장이 60 cm, 어린애 머리만한 거대한 가위발을 합치면 90 cm에 달하고, 체중 20 kg이나 되는 개체도 기록되어 있다.

이만큼 거대한 다리를 가진 키다리게는, 틀림없이 그 긴 체구를 살려서 굉장한 속도로 게걸음을 칠 것으로 생각하지만, 사실은 매우 완만한 동물이다. 산채로 잡혀서 수족관에 수용되는 키다리게는, 그 긴 다리를 부자연스럽게 구부린채 똑바로 선 자세로 가만히 서있거나, 또는 천천히 앞뒤로 기어 다니기도 한다. 바다에서 채집된 직후 위 속에 있는 것을 조사해 보면 극피동물(棘皮動物), 갯지렁이, 조개류 또는 다른 갑각류의 단편이나, 때로는 비닐 등이 발견되고, 느릿한 동작으로 근처에

있는 것을 먹고 있음을 보여 준다. 「세계 최대의 절족동물」이
라는 간판동물에는 철학자와 같은 으젓한 태도야 말로 걸맞다
고 할 것이다.

❖ 세계 사교계에 데뷰

이 키다리게가 서구세계에 소개된 것은 꽤 오래이며, 18세기
초반으로까지 거슬러 올라간다. 네덜란드령 동인도회사의 수
행의사였던 독일인 외과의사 캠페르(E. Kämpfer ; 1661~1716)는
네덜란드의 사절(使節) 일행과 함께 1590년에 일본의 나가사
키(長崎)의 데지마(出島)로 건너 와서, 의사로서 2년간 체재
했다. 이 동안에 그는 활발하게 일본인과 접촉하고 또 나가사
키로부터 에도(江戶)에 이르는 동안 넘칠 만큼 왕성한 박물학
적 정신을 발휘하여, 그 견문으로부터 일본의 지리, 제도, 역
사, 종교, 외국무역사(貿易史) 및 자연을 기술하여 『일본사(日
本史)』와 『에도참부기행(江戶參府紀行)』을 저술했다.

1727년에 영어로 출판된 『일본사』에는 많은 새우와 게에
관한 기술(記述)과 함께 " 시마가니 "라는 당시의 일본이름으
로 스루가(駿河)의 여인숙에서 먹었던 키다리게의 가위다리를
「어른의 다리뼈만한 크기」라고 표현하고 있다. 그로부터 약
100년 후 캠페르와 같은 독일인으로, 나가사키의 네덜란드공
관의 의사로 일본에 온 시볼드(P. F. von Siebold, 1796~1886)
에 의해서 키다리게는 네덜란드의 라이덴박물관으로 보내져
서, 관장인 테밍크(C. J. Temminck)에 의해서 처음 정식으로
학회에 보고되었다. *Macrocheira kaempferi* 라고 하는 것이
그 게의 학명인데, 전반의 속명(屬名)은 「큰팔」이라는 뜻이
고, 뒤의 종명(種名)은 최초로 서구에 키다리게를 소개한 캠페
르의 이름을 기념한 것이다. 그 수년 후에 드・한(de Haan)에
의해서 다시 상세한 기록과 멋진 그림이 출판되어 시볼드의

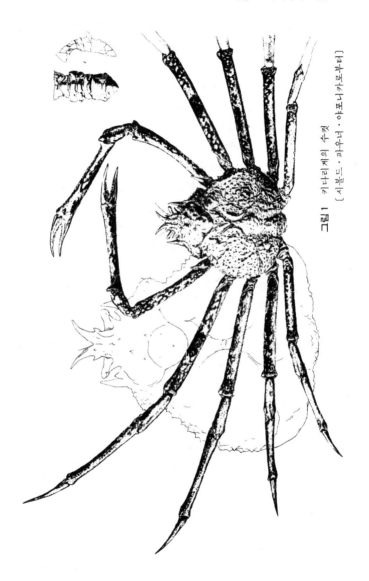

그림 1 키다리게의 수컷
〔시볼드·파우나·야포니카로부터〕

『일본동물지(Fauna Japonica)』에 수록되었다.   그림 1은 이것의 멋진 묘사이다.

❖ 신비의 베일에 싸인 키다리게

일찍부터 세상에 소개되어 유명해졌으면서도 키다리게의 생태에 대해서는 분명하지 않는 점이 많다. 예를 들면, 서두에서 말했듯이 최대의 크기에 달하려면 몇 해 정도가 걸리는지도 아직 의문이다. 외골격(外骨格)에 둘러싸인 절족동물의 일종인 새우나 게 등의 무리인 갑각류는, 성장하는데 따라서 두껍고 딱딱한 외골격의 탈피(脫皮)를 반복하고, 그 외피(外皮)가 굳어지기 전에 몸을 성장시켜 간다. 그 결과로서 물고기의 비늘이나 이석(耳石), 또는 등뼈처럼 그 동물의 일생을 통해서 존속하고, 나이테를 새겨 나가는 딱딱한 기질(基質)을 갖지 못한다. 또 등껍질에 벗겨지지 않는 페인트로 표지를 하거나, 표지판이나 꼬리표를 다리에 묶어서 표지 — 재포획법을 적용하려해도, 이것들은 탈피와 함께 없어져 버린다.

계절마다 대량으로 포획하여 등껍질의 너비와 개체수의 관계를 그래프로 그려서, 연령군으로 나누어, 성장을 계절적·연도적으로 추적하는 수산학적인 방법도 키다리게에 대해서는 아직 성공하지 못하고 있다. 연급군(年級群)이 확실하지 않는데다 무엇보다 불가사의한 일은 어린 새끼게가 좀처럼 채집되지 않는다는 점이다. 수족관에서의 알(卵)로부터 어미에 이르는 완전사육에도 성공하지 못하고 있기 때문에, 현재로는 연령에 대해서 전혀 짐작을 하지 못하고 있다.

혼슈(本州) 중부에서부터 시코쿠(四國)에 걸친 태평양이 분포의 중심인데, 규슈 남해안에서도 이 게가 채집된 기록이 있다. 서식하는 수심은 대륙붕 연변(약 130m)에서부터 대륙사면 상부 약 550m정도 사이이지만, 특히, 봄철에 수심 30m정도의 얕은 데로 올라오는 것이 있다는 것은 나이 많은 어부들의 말이나 스쿠바에 의한 잠수관찰로서 알려져 있고, 또 각지의 수족관에 공급되는 살아 있는 표본은, 이 시기에 다른 어종을 대상으로 하여 비교적 얕은 곳에 설치한 어구에 의해서 포획된 것이 많은 것 같다. 도감(圖鑑) 등에서 기술된 키다리게의 서식 수심이 비교적 얕은 것은 이와 같은 사정에 의한 것이다.

아무래도 봄철에 얕은 곳으로 올라오는 무리는 복부에 품고 있는 알(外卵)을 플랑크톤성 유생(幼生)으로서 물 속으로 퍼뜨리는 것과 새로이 교미·산란하기 위한 것인 듯한데, 보통은 200~400m의 수심에 사는 성체군(成體群)의 일부만이 여기에 참가하고, 대부분의 것은 깊은 곳에 남아 있는 것도 불가사의한 행동이다. 한 번에 한 마리의 암컷이 체내에서 낳아서, 복부에 품고 있는 알은 80만~150만 개로서, 한 개의 알은 지름 0.7~0.8mm로 어미게의 크기와는 걸맞지 않는(게 알로서는 극히 일반적인 크기) 것이지만, 아무래도 이 새로운 알은 일년간 어미의 복부에서 보호되었다가 이듬해 봄철에 유생(幼生)으로서 방출되는 것이라고 추측된다.

이것이 사실이라고 한다면 봄철 이외의 시기에 알을 품고 있는 암컷의 비율이 그다지 높지 않다고 하는 관찰로부터, 모든 성체(成體)가 1년에 한 번씩 생식에 참가하는 것으로는 생각할 수 없으며, 수년(또는 그 이상)마다 한 번씩, 또는 어느 선택된 개체만이 번식에 참가하는 것이라고 그 메커니즘을 가정하지 않으면 안 된다.

그러나 위에서 말한 가설에는 또 하나의 약점이 있는 듯이 보인다.

그것은 키다리게의 암수는 몸의 크기가 통계적으로 다르다는 점이다. 수컷의 가위발이 크다는 점을 제외하더라도, 암컷에서는 등껍질의 너비가 24cm를 넘는 것이 거의 나타나지 않는데 대해서, 수컷은 30 cm를 넘을 때까지 성장을 계속한다. 즉 암컷이 그다지 여러 번의 생식에 참가하지 않는다고 하면, 수컷과 마찬가지로 자꾸 성장해도 될 것이 아니냐고 하는 추론을 세울 수가 있다. 그러나 이것은 유전적으로 결정된 성적(性的)인 두 가지 형식이라고 설명할 수 있을 것이다.

또 하나의 수수께끼는 앞서 말했듯이 새끼게가 좀처럼 채집되지 않는다는 점이다. 체표면의 가시가 어미보다 상대적으로 길다고 하는 외부의 형태적 차이는 있을지라도, 이 때문에 다른 종류의 게와 혼동되는 것으로는 생각되지 않는다. 또 보다 얕은 곳이나 깊은 곳을 포함하더라도 새끼게의 소재가 잡히지 않는다는 점과, 드물게 어미게와 함께 작은 것이 채집되는 것으로부터, 새끼게가 어미게와 전혀 다른 환경에서 살고 있기 때문인 것도 아닌 듯하다.

이 수수께끼에 관해서는 다음과 같은 두 가지 설명을 생각할 수 있다. 하나는 키다리게가 매우 장수하는 게로서 약간의 새로운 세대의 공급으로서 유지되는 고령화 사회(高齡化社會)라고 하는 견해이다. 또 하나는 새끼게의 성장이 두드러지게 빨라서 금방 어미의 크기에 도달해 버린다고 하는 견해이다. 그러나 후자의 설은 부정할 수는 없으나 좀 생각하기 어려울 것 같다.

그런데 앞에서 말했듯이 스루가만에서는 캠페르의 시대부터 이미 키다리게를 어업의 대상으로 삼고 있었던 것 같다. 그리고 최근 15년쯤 사이의 키다리게의 어획통계에 의하면, 1970년부터 연간 어획량이 감소하는 경향을 보여 주고 있다. 그 이유는 아마도 자원량이 확실히 감소하고 있는데에 있는 것 같다. 세계에 자랑할 만한 이 키다리게의 자원을 고갈시키지 않도록 생물학적인 기초연구와 함께 적절한 보호대책이 요망된다.

21. 100세의 조개

❖ 동물의 나이

사람에게는 호적이 있어서 생년 월일이 반드시 명기되어 있고, 사람들은 나이를 물으면 쉽게 말로 대답해 준다. 그러나 말과 호적을 갖지 않는 동식물은 일반적으로 나이를 정하기가 상당히 어렵다. 하지만 사람이 재배하거나 사육하는 것은 기억이나 기록으로부터 조사할 수 있어, 설사 사육조건이나 자연 상태가 다르다고 하더라도 대충 그 수명을 짐작할 수 있다.

그런데 온대지역의 나무의 단면에는 나이테가 새겨져 있고, 그 텟수로부터 나이를 알 수 있다. 이것은 수목의 성장이 계절에 따라서 달라, 봄~여름에 걸친 희고 부드러운 춘재(春材)와 가을~겨울에 걸친 검고 단단한 추재(秋材)가 동심원모양으로 해마다 규칙적으로 반복되는 것에 의한 것이다. 이와 마찬가지로 동물에서도 몸 부분으로부터 나이를 읽을 수 있는 경우가 있다. 예를 들면 식탁에 올라온 가리비를 살펴보면 껍질의 꼭대기를 중심으로 하여 한쪽으로 쏠리면서도 줄이 고리모양으로 되어 있는 것을 볼 수 있다. 그 가운데서 작고 규칙적인 줄을 무시한다면 커다란 성장의 흐뜨러짐이 2~4개 눈에 띌 것이다. 이것이 나무의 나이테에 해당하는 것이다. 이같은 나이의 결정적 수단이 되는 특징은 이 밖에도 물고기의 비늘이나 이석(耳石)(제1권-20.「물고기의 나이와 수명」, 제1권-21.「날수를 새기는 물고기의 이석」참조) 또는 포유류의 뿔 등에서도 볼 수 있는데, 이것들은 계절에 따른 성장 속도의 차이나, 어느 계절에 자손을 증식하느냐에 따라서 생기는 성장의 지연 등을 반영한 것이다.

그러나 이런 상식도 계절성이 명확한 육상이나 얕은 바다에서의 일이고(온도변화가 작은 열대에서도, 건기와 우기가 명확하다면 일반적으로 나이테를 볼 수 있다), 일년 중 온도가 거의 바뀌지 않고, 태양과도 관계가 없는 심해 바닥에 사는 생물에서는 도대체 어떻게 되어 있을까?

이 문제로 들어가기 전에 왜 이토록 나이에 집착하는 가를 설명해 두자.

생물의 나이 또는 수명을 안다는 것은 단순히 호기심을 만족시키거나 박물학적 흥미에 그칠 뿐만 아니라 생태학 연구상 매우 중요한 정보이다. 생물은 태어나 먹이를 취하면서 성장하고, 운동, 호흡, 배설을 하고, 자손을 남기고 마지막에는 죽어 간다. 생태학은 어떤 생물의 개체군이 지상에서 수행하는 생태학적인 역할의 전체 모습을 파악하려는 학문이므로, 생물의 생활과 그 환경을 모조리 알아 내려고 한다. 단순히 어느 시간, 어떤 장소에서의 생물의 종류 조성(種類組成)이나 서식밀도 및 체중의 합계치(생태학에서는 이것을 「현존량(現存量)」이라 부르고, 어떤 환경이 단위 공간당 유지하고 있는 유기물량을 가리킨다)를 아는 것만으로는 만족하지 못한다. 시간적인 척도(尺度)를 포함시켜서야만 어떤 환경에서의 생물의 역할을 정확하게 또 내용을 풍부하게 평가할 수 있기 때문이다.

❖ 심해저에는 계절이 있을까?

그런데 암흑의 심해저에는 육상 식물의 나이테를 새기게 하는 것과 같은 계절의 변동이 있을까?

바다 속의 기후를 표현하는 방법으로는 어떤 장소에서 일년 이상에 걸쳐 측정한 수온과 염분농도를, 수온-염분의 직교좌

표(**直交座標**)로 그려서 나타내는 방법이 있다. 일반적으로 50 m보다 얕은 바다의 표면 가까이에서는, 수온은 기온을 반영하여(수온쪽이 1～2개월 기온에 뒤지는 경향이 있지만) 크게 변동하고, 또 염분농도도 계절에 의한 강수량이나 증발량의 차에 따라서 크게 변화하는 것을 볼 수 있다. 그러나 대륙붕의 가장자리도 통과하고, 식물의 광합성을 유지하는 빛도 없어지는 수심 200 m 부근이 되면, 연간 변동량은 수온이 수도 이내,염분이 0.02 ‰(퍼밀 : 1/1000) 정도가 되며, 700m보다 더 깊어지면 사실상 계절 변동은 거의 인정되지 않는다. 이런 심해의 환경에 과연 나이테에 반영될 만한 계절성이 있을까?

심해성의 이매패(**二枚貝**)를 채집하여 껍질 속에 보존된 성장의 흐뜨러짐을 세어 보려고 시도한 적이 있었다. 그러나 희미하게 보이는 성장속도의 변화 흔적이, 자연환경 변화의 무엇에 대응하는 것인지 또는 생물의 활동리듬의 무엇에 대응하는 것인지가 증명되지 않는 한 나이테라고는 단정할 수 없어 벽에 부닥쳐 버렸다. 그리고 이 현상을 실험적으로 증명하려 해도, 심해로부터 생물을 산 채로 채집하거나, 또 실험실 내에서 심해의 환경을 복원하는 일 자체가 무척 어려운 일이다.

❖ 나이테를 대신하는 실마리

그래서 심해에 있어서의 계절성은 나이테가 아닌 다른 측면으로부터 지적되기 시작했다. 애초 심해생물에서는 성숙란을 가진 암컷의 비율이 낮고, 또 어린 개체의 전체 개체수에 대한 비율도 작은 것이 일반적인 성질이지만, 그래도 많은 수의 표본으로부터 성숙란을 갖고 있는 암컷의 출현을 살펴보면, 어느 계절에 집중한다는 지식이 1967년경부터 보고되기 시작했다.

현재 가장 정통적인 연구방법은「고정된 관측 지점에서 계절마다 표본채집을 계속하고, 생식선(**生殖腺**)의 조직 절편에 의해서 성숙란의 동정을 추적하는 동시, 가느다란 그물코의 채집기구로써 작은 개체도 동시에 채집한다 」고 하는 방법이다. 이 방법으로 1970년대 후반부터 스코틀랜드 앞바다의 록크울 주상해분(舟狀海盆)에서의 조사가 예의 진행되고 있으며, 현재 주로 영국인 연구자들에 의해서 속속 연구보고가 제출되고 있다.

상세히 연구되어 있는 약 20종쯤의 동물에 관해서 살펴보면, 2,200∼2,900m 깊이에 출현하는 극피동물과 연체동물 중의 약 1/3종의 난소에는 뚜렷이 겨울철에 성숙 피크가 인정되었고, 동시에 이들 종의 모두가 지름이 작고, 다량의 알을 낳으며 플랑크톤 유생시기를 갖는 종류라는 것을 알았다. 이에 대해서 나머지 2/3인 종의 알의 성숙에는 계절성이 인정되지 않았고, 또 이 나머지의 대부분의 종이 다량의 난황(卵黃)을 갖고 있는 대형 알을 소수 낳는다는 것도 밝혀졌다.

따라서 현재로는 반드시 산란에 계절성을 나타내는 것이 많다고는 말할 수 없으나, 분명히 계절성을 가리키는 것이 존재하고, 이들 유생이 모두 플랑크톤 유생기를 보낸 후에 봄∼초여름에 걸쳐서 해저에 유치체(幼稚體)로서 정착한다는 사실에는 매우 흥미가 끌린다.

그것은 이 스코틀랜드 앞바다에서는, (온대 이북에서 보통 볼 수 있는 것이지만) 봄에 해면 표층에서 식물 플랑크톤의 대발생이 있고, 만약 이 식물 플랑크톤이 생산한 영양이 심해생물의 플랑크톤 유생의 먹이로 된다면 목적에 썩 잘 들어 맞는 일이라고 할 수 있다.

그렇다면 봄에 유생을 낳기 위해서 어미의 생식선 성숙이 겨울철에 일어나는 것은, 심해의 해저 부근의 어떠한 환경요인과 대응하고 있는 것일까? 이들 종은 어떻게 해서 겨울이 온 것을 알 수 있을까? 사실 이 이상의 논의는 앞으로 있을 상세한 연구를 기다려야만 한다. 하나의 가능성으로서 생각할 수 있는 것은, 해저 부근의 물의 움직임을 조사하기 위해서 설치한 유속계의 장기 기록으로부터, 이 록크올 주상해분에서는 겨울철에 가장 큰 조석작용(潮汐作用)에 의한 저층류(底層流)가 관측되고, 이 물리적 요인이 직접 작용하거나 또는 해저 표면에 쌓인 유기물이 이 심해 조석류(潮汐流)에 의해서 수중으로 말려 올려가는 것이 자극이 되는 것이 아닐까 하고 말한다.

또는 봄철에 영양이 해저로 떨어져 내리듯이 심해에도 그 나름으로 계절성의 변동이 밀어닥쳐, 생물 자체가 체내에 지니는 리듬과 동조해서 생물현상에 주기성이 확보되어 있는 것인지도 모른다.

❖ 작은 조개가 100살, 거대한 조개는 5살

심해에서의 주기성과 나이테의 관계가 뚜렷하지 않는 경우에는, 나이의 결정에는 다른 발상이 필요하다. 1975년 미국 예일대학의 트레키안(K. Turekian) 등의 연구진은, 천연 방사성 동위체의 붕괴 변화를 이용한 연대결정법을 생물의 연령결정에 응용하여, 북대서양의 3,800m 해저에서 채집한 세수패(細袖貝)에 속하는 미소한 이매패 *Tindaria callistiformis* 가, 100년이 걸려서 8.4mm로 성장한다는 결과를 발표하여 세상을 놀라게 했다(그림1). 아주 복잡하고 교묘한 아이디어를

그림1 세수패속 조개껍질의 나이테

구사하여 이끌어낸 결론이지만, 근본적인 원리는 ¹⁴C법 등으로 잘 알려져 있는 방법과 같다.

방사성 동위원소는 주위의 온도나 압력, 화합상태 등과는 관계없이 고유의 속도로 다른 원소로 붕괴, 변화하는 물질이다. 지금 환경 속의 농도가 안정되어 있는 방사성 동위체가 생물의 껍질이나 뼈 등의 성장에 따라서 일정 농도로서 섭취되고, 외계와 껍질의 다른 부분과의 이동이 억제되었다고 하자. 그러면 가장 빠르게 성장한 부분의 동위체는 붕괴와 변화에 의해서 다른 원소로 보다 많이 변화해 있을 것이다. 이 괴변물질의 농도와 껍질 내부에서의 농도의 기울기에 주목하여, 그 물질 고유의 괴변속도를 사용해서 계산하면 나이를 추정할 수 있다.

최근 갈라파고스제도 앞바다의 심해저에서 발견된 해저온천 (제2권-3.「해저온천 탐방기」참조) 부근에 살고 있는 *Calyptogena maxima*라는 길이 25 cm에 달하는 이매패에 같은 방법을 응용해 본즉, 불과 4~5년에 이만한 크기에 달한다는 것이 판명되었다. 이 해저온천 부근은 주위 온도가 12℃ 전후로 높

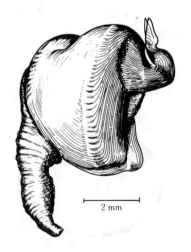

2 mm

그림 2 국화조개

고, 또 먹이도 풍부하기 때문이겠지만 굉장한 성장속도이다.

한편, 미국 하버드대학의 터너(Turner)는 1,830m의 해저에 104일간 방치해 둔 목재에 국화조개의 무리인 이매패가 3세대에 걸쳐서 구멍을 뚫고 있었다고 보고했다(그림 2). 이것은 심해의 저온과 고압이라는 엄한 환경에도 불구하고, 먹이만 풍부하면 얕은 바다에서와 마찬가지로 재빨리 성장하는 동물도 있다는 예로서 유명하게 되었다.

또 나이의 문제에서는 벗어나지만 최근에 심해생물의 호흡속도나 미생물의 증식속도를 심해저의 현장이나, 이것을 재현한 장치 속에서 측정하는 기법(技法)이 발달하여 생명활동의 속도를 어림할 수 있게 되었다. 이들의 연구결과에 의하면 대부분의 심해생물은 지상이나 얕은 바다에 사는 생물의 100분의 1 정도의 활동을 보여 주는데, 때로는 고압, 저온의 환경 아래서 지상이나 얕은 바다에서 볼 수 있는 것과 같은 활성을 나타내는 것이 몇 가지 처음으로 발견되기 시작했다.

이와 같이 심해생물의 나이나 활동속도가 조금씩이기는 하지만 밝혀지게 되었다. 그렇더라도 심해생물이 생리학적으로도 모든 방법을 구사하여 이 엄한 환경에 적응하여 생활을 영위하고 있는 것은 정말로 놀라운 일이 아닐 수 없다.

22. 적혈구가 없는 물고기

우리 인류에게 남겨진 마지막 대륙— 남극대륙 및 남극해의 조사개발이 최근 활발하게 이루어지고 있다. 한국에서도 새로운 남극 관측기지로서 1987년에 킹 죠지섬에 「세종과학기지」를 세웠다.

그런데 빙점하 2℃라고 하는 얼음에 갇힌 극한의 바다—남극해에 사는 생물이 의외로 많고 어류도 몇 종류가 서식하는 것이 밝혀졌다. 남극빙어류나 남극암치류의 무리로서 이들 물고기는 얼음 사이를 헤엄쳐 다니며, 얼음에 붙은 조류(藻類)나 갑각류를 먹고 살고 있다. 남극빙어는 꽤 큰 물고기로서 이 무리 중의 어떤 것은 체장이 50 cm나 된다. 또 이 물고기는 불가사의하게도 혈액 속에 적혈구가 없는, 즉 투명한 혈액을 가지며 보통 물고기라면 붉게 보이는 아가미조차도 투명한 물고기이다.

적혈구는 헤모글로빈과 대사(代謝)를 지탱하는 효소를 20종류 이상이나 함유하는 세포이다. 특히 철과 단백질로써 이루어지는 적색 색소인 헤모글로빈은, 혈액 속의 산소와 이산화탄소를 운반하는 호흡 과정에서 매우 중요한 역할을 하는 물질이다. 적혈구를 갖지 않는 남극빙어는 당연히 헤모글로빈도 갖고 있지 않다. 그렇다면 그들은 어떻게 해서 호흡을 하고 있는 것일까?

사진 1   남극빙어〔국립극지연구소 나이토씨 제공〕

❖ 남극빙어의 호흡

남극빙어의 혈액에는 헤모글로빈이 없기 때문에 외부 환경, 즉 해수로부터 아가미를 통해서 체내로 들어온 산소는, 혈액 속을 물리적 요인에 의해서 운반된다. 물에 녹아 있는 상태의 기체나 고체는 모두 농도가 높은 곳에서부터 낮은 곳으로 이동하는 성질이 있다. 이 때의 농도차를 "농도경사"라고 하는데, 이 농도경사가 클수록 물질이 이동하는 힘도 커진다.

기체는 온도가 낮을수록 물에 녹는 양도 많아지기 때문에 극한의 남극의 해수 속에 녹아 있는 산소의 농도는 높아지고, 따라서 남극빙어의 혈액과 해수와의 사이의 용존산소의 농도경사도 커진다. 또 남극빙어의 혈액의 화학성분을 조사해 보면, 혈액 속에 녹아 있는 단백질은 약 1.8g/100mℓ로서 다른 물고기의 10-20% 밖에 안 된다. 이 때문에 혈액의 점성(粘性)도 매우 낮아져서 혈액 속을 산소가 이동하기 쉽게 되어 있다. 이같이 남극빙어에서는 혈액 속에 헤모글로빈이 없더라도 쉽게 산소가 체내로 녹아들고 혈액을 통해서 각 조직으로 운반된다.

하지만 운동 때에는 아가미로부터 녹아드는 산소만으로는 도저히 부족하다. 이것을 보충하기 위해서 남극빙어는 지느러미가 몸에 비해서 매우 크고, 지느러미의 표면이나 체표면에 모세혈관이 잘 발달되어 있다. 그리고 이들 모세혈관을 통해서 산소를 취하여 아가미의 활동을 돕는다. 이 물고기의 지느러미나 체표면으로부터의 산소 흡입량은 호흡량 전체의 40%에 달한다는 것이 알려져 있다.

게다가 운동 때나 해수 속에 녹아 있는 산소량이 낮아졌을 경우에는 혈액의 체적을 증가시켜 체내로 녹아드는 산소량을 유지시키는 메커니즘도 있는 것 같다. 혈액 속에 어떤 종류의 색소를 주입하여 그 농도를 비색계(比色計)로 측정하면 혈액의 체적 증감을 알 수 있는데, 이렇게 해서 남극빙어의 혈액의 체적변화를 조사해 본즉 최고 7.6%까지 증가한다는 것을 알았다. 보통 물고기가 기껏 2~3%인 것에 비교하면 매우 큰 값이다.

❖ 남극빙어의 산소 소비량

다음에는 남극빙어가 어느 정도의 산소를 사용하는 가를 생각해 보자.

물고기의 호흡량은 물고기를 넣고 밀폐한 수조 속에서 사육하면서 수조 속의 물의 용존산소량의 변화를 조사함으로써 알수 있다. 즉 감소된 산소량만큼 물고기가 사용한 것이 된다. 또 밀폐한 수조 속의 물을 펌프 등을 사용해서 일정한 속도로 흘려서, 물고기를 억지로 헤엄치게 한 상태에서 경시적(經時的)으로 "용존산소량"을 측정하면 운동 때의 물고기의 호흡량 변화를 조사할 수 있다.

이같은 방법으로 남극빙어 무리들의 호흡량을 조사해 보면, 1시간당 0.020－0.028mℓ－O_2/g 라는 값이 된다. 이 값은 같은 남극바다에 살며, 혈액 속에 헤모글로빈을 갖는 남극암치류에 비하면 1/3－1/2정도이다. 또 해수의 용존산소량을 저하시켜 가면 어떤 값에서 물고기는 활동을 정지하고 옆으로 쓰러진다. 이 때의 용존산소량을 분압(分壓)으로 나타낸 것을 "임계 산소분압(臨界酸素分壓)"이라고 부르며 물고기가 살아가기 위해서 필요한 최소한의 산소량을 가리킨다. 잉어나 무지개송어 등 많은 물고기에서는 $80 \sim 100\,mmHg$이라고 하는 값이 되는데, 남극빙어에서는 $30\,mmHg$으로 보통 물고기의 1/3 정도이다.

이와 같이 남극빙어는 운동 때나 안정 때도 보통 물고기의 $1/2 \sim 1/3$정도의 산소가 있으면 충분하고 매우 효율적으로 에너지를 얻고 있는 물고기라고 말할 수 있다. 혈액 속에 헤모글로빈이 없어도 불편이 없는 것은 이런 데에 비밀이 있는지도 모른다.

❖ 남극빙어의 혈액

그런데 남극빙어나 남극암치류 등 엄한의 남극바다에 사는 물고기의 혈액은 왜 얼지 않을까? 혈액 속에 부동제(不凍劑)와 같은 것이 있는 것일까?

사실은 남극빙어나 남극암치류의 혈액 속에 함유되는 단백질이 중요한 작용을 하고 있다. 이 단백질을 전기영동법(電氣泳動法)으로 자세히 조사하면 8종류의 당단백질(糖蛋白質)로 구성되어 있음을 알 수 있다. 이 당단백질이 부동제의 역할을 하고 있어, 남극암치류에서는 이 당단백질 때문에 혈액의 빙점이 $-2.06 \sim -2.34\,℃$로 해수보다 낮게 유지되고, 혈액이 동결하는 사태를 방지하고 있다. 또 이 당단백질은 혈액 속에서 빙핵(氷核) 주위를 둘러싸며 새로운 물분자가 부착하여 얼음이 커지는 것을 방지함으로써 혈액의 동결을 방지하는 것으로 생각되고 있다.

이같은 부동제는 남극빙어나 남극암치류뿐 아니라, 북극해에 사는 대구나 둑중개, 북반구의 한대바다에 사는 바다빙어 등의 혈액에도 함유되어 있는 것이 밝혀졌다.

바다산 송사리를 20℃, 10℃, 4℃, 2℃, -1℃, -1.5 ℃의 각 수온에서 사육하여 저온에 의해서 생기는 혈액성분의 변화를 조사한 실험이 있다. 그 결과 저온 아래에서는 간장(肝臟)의 글리코겐이 포도당으로 분해되어 다량으로 혈액 속에 방출되는 것을 알았다. 예를 들면, -15℃에서 사육한 것의 혈액 속에는 20℃에서 사육한 것의 5배나 되는 포도당이 함유되어 있었다. 이 포도당에 의해서 혈액의 빙점이 저하되고 동결이 방지되는 것이다.

남극이나 북극의 물고기들도 이같은 구조로부터 특수화해서 부동제를 가지기에 이르렀을 것이다. 적혈구를 갖지 않는 남극 빙어류, 혈액 속에 부동제를 갖는 남극이나 북극의 물고기들을 볼 때마다 실로 여러 가지 메커니즘으로 자연에 적응하고 있는 것을 알 수 있다. 자연계의 신묘함에는 언제나 경탄을 금하지 못한다.

23. 빛을 내는 물고기

하늘을 쳐다 보면 무수한 별이, 한편 눈을 해면으로 돌리면 무수한 발광생물(發光生物)이 파도에 부대끼며 눈부신 빛을 던지는 밤의 바다 ……이 견줄 데 없는 아름다움은 긴 항해에 지친 뱃사람의 마음을 풀어주고, 다시 항해로 몰아세울 만큼 매력적인 것이라고 한다.

해양에서 빛을 내는 것으로는 야광충(夜光虫)이 잘 알려져 있지만 그뿐이 아니다. 어류 중에도 발광어(發光魚)라고 불리는 종류는 많다. 특히, 수심 500~1,000m에 사는 심해어 중에는 그 75%가 빛을 낸다고 한다.

그러면 이들 발광어는 어떤 메커니즘에 의해서 빛을 내는 것일까? 이들은 단순히 우리의 눈을 즐겁게 해주기 위해서 빛을 내는 것이 아님은 확실하다. 그들에게 있어서 발광이란 어떤 의미가 있는 것일까?

❖ **빛을 내는 방식**

발광어는 모두 특수한 발광기를 갖추고 있는데, 그 형태나 분포는 종류에 따라서 각각 다른 특징을 지니고 있다. 또 발광방식도 일정하지 않다. 그래서 우선 발광 방식에 따라서 발광어를 나누어 보기로 하자. 발광방식은 크게 다음의 세 가지 형식으로 나뉘어진다.

① 발광기 내의 발광세포로써 빛을 내는 것—이 형식은 자력 발광형(自力發光型)이라고 할 수 있다. 발광세포에는 루

시페린(Luciferin)이라고 불리는 발광물질이 저장된다. 루시페린은 루시페라제(Luciferase)라는 효소로서 특이적으로 산화분해되는데, 이 때의 분해 에너지가 빛으로서 방출되어 빛을 내는 것이다. 샛비늘치나 발광멸 등의 무리 등 심해성 발광어류의 대부분은 이 형식에 속한다.

② 발광물질이 세포 밖으로 나와서 발광기의 선조직(腺組織)에 저장되는 것 —— 이 형식도 ①과 마찬가지로 자력발광형이지만, 세포 밖에서 빛을 낸다. 주벅치과(科)의 황안어, 동갈돔과의 먹얼게비늘 등이 포함된다.

③ 자기 자신으로는 빛을 내지 않고 발광기 속에서 길러지는 발광 박테리아의 발광을 이용하여 빛을 내는 것—이 형식은 위의 두 가지와는 달리 발광기가 발광 박테리아의 배양기로 되어 있는 것으로서, 타력 발광형이라고 부를 수 있다. 이 형식의 발광어에는 철갑둥어, 주둥치, 발광금눈돔, 발광보구치 등이 포함된다.

❖ 렌즈와 색필터를 갖춘 심해어의 발광기

샛비늘치나 발광멸의 무리는 모두 체측(體側)에서부터 복부에 걸쳐, 위에서 말한 것과 같은 구형(球形) 발광기를 많이 갖고 있다. 발광기는 눈과 비슷한 복잡한 구조를 갖추어 있고, 체표쪽에서부터 비늘이 변화한 렌즈가 있고 그 안쪽에 발광세포가 늘어선 발광체, 다시 구아닌을 함유하는 세포로써 구성되는 반사기가 있고, 발광기 전체가 흑색 색소막으로 감싸여 있다. 또 그 중에는 발광체와 렌즈 사이에 색필터를 갖는 종류도 있다. 발광멸 무리의 매퉁이류는 보라색, 은비늘치는 루비색 필터를 가지며, 보라별매퉁이에서는 수컷은 붉은색, 암컷은 창백색이라듯이 암수에서 다른 필터를 갖는 것도 있다.

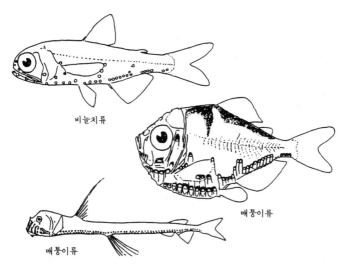

비늘치류

매통이류

매통이류

그림 1 체표에 늘어서는 심해어의 발광기〔하네다 : 어류생리, 1977에서〕

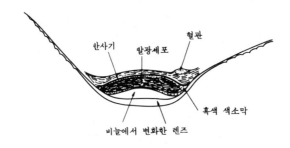

반사기 발광세포 혈관

흑색 색소막

비늘에서 변화한 렌즈

그림 2 북양비늘치의 발광기의 단면도〔우치다 : 동물계통분류학, 1965에서〕

❖ 근육 내에 발광기가 있는 황안어

황안어는 체장 6 cm 정도의 담홍색(淡紅色) 연안어류인데, 외관상으로는 전혀 발광어 답지가 않다. 이 물고기는 가슴부분의 근육 속에 Y자형의, 또 항문 앞쪽에 I자형의 발광기가 묻혀 있다. 이 발광기의 주위 근육은 유백색(乳白色)의 반투명이

그림 3 황안어의 발광기
〔하네다 : 어류생리, 1977에서〕

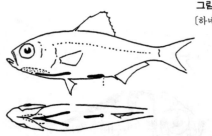

고, 빛을 잘 확산, 투과하여 일종의 렌즈 역할을 하고 있다.

먹얼게비늘의 발광기도 가슴 부분의 근육 속과 항문 부근에 있고 각각 장관(腸管)과 직장으로 연결되어 있다.

❖ 발광 박테리아를 기르는 물고기

딱딱한 등껍질과 같은 비늘에 감싸여, 얼핏 보기에는 황색 솔방울을 연상케 하는 철갑둥어는 아래턱에 한 쌍의 작은 발광기를 갖고 있다. 발광기 속에는 발광 박테리아가 공생(共生)하고 있으며, 발광기는 렌즈와 반사기를 갖추어 박테리아의 발광을 효율적으로 이용한다. 또 그들은 입을 여닫아서 빛을 명멸시킬 수도 있다.

발광금눈돔도 발광 박테리아의 힘을 빌어서 빛을 낸다. 이 물고기는 눈 밑에 잠두콩 모양의 연한 황백색 발광기를 갖고 있다. 발광기는 회전시킬 수가 있으며, 빛을 지울 때는 뒤쪽의 흑색 색소막을 겉으로 내민다. 또 인도네시아산 발광금눈돔의 일종은 발광기의 표면에 눈꺼풀같은 흑색막이 있고, 이 막을 상하로 움직여서 빛을 명멸시킬 수 있다고 한다.

주둥치도 발광기 속에 박테리아를 공생시킨다. 이 물고기의 발광기는 가슴 부분의 근육 속에 있으며, 식도를 애워싸듯 하는 구조를 하고 있다. 발광기 주위의 체강(體腔)내면은 은백색

사진 1 발광금눈돔의 발광〔하네다 : 어류생리, 1977에서〕

이고 반사기로서 작용하며, 흉부・복부의 근육은 유백색의 반투명으로 렌즈의 구실을 한다.

❖ 머리에 초롱을 갖는 초롱아귀

초롱아귀의 머리 위에 있는 일리시움(illicium: 유인창치) 이라고 불리는 안테나는 그 끝이 불룩하며 발광기로 되어 있다. 이 부분은 에스카(esca : 라틴어로 먹이라는 뜻)라고 불리는데, 이것을 애워 싸듯이 담홍색의 주발광기, 그것에서부터 좌우로 뻗는 육질(肉質)의 돌기 끝에는 4 개씩의 발광기를 갖추고 있다. 또 에스카로부터 드리워진 9개의 흑색 필라멘트 끝에도 은백색의 발광기가 달려 있다. 주발광기는 자극을 받으면 발광물질을 해수 속으로 분출하는데, 발광물질이 분출되면 체장의 2 배쯤의 빛의 띠가 되어, 이것으로 외적의 눈을 흐리게 한다고 한다. 그 밖의 발광기는 세포내 발광을 한다.

❖ 발광의 효용

그런데 발광어는 무엇 때문에 발광을 하는 것일까?

우선 대부분의 종류가 빛을 내고, 또 발광을 최대한으로 이용하고 있는 것으로 생각되는 심해어에 대해서 생각해 보자.

심해어가 사는 수 100m의 심해의 광환경(光環境)은 어떨까? 이 수심까지 다다르는 빛은 청색광뿐이다. 또 물에 흡수되는 광(光)에너지의 양이 빛이 통과하는 거리에 비례하는 것을 고려한다면, 이 수심에서의 빛의 방향성분(方向成分)은 수직방향뿐일 것이라고 추측된다. 이같이 단순한 광환경 속에서 발광어의 몸 측면으로부터 복면으로 분포하는 발광기가 빛을 냈다고 하면 어떻게 될까? 아마 그들을 습격하려고 아래로부터 근접한 물고기에는 한 순간 그들의 모습이 보이지 않게 될 것이다. 즉 수직방향의 빛에 대해서 생기는 복면의 그늘 부분이 빛을 냄으로써, 자신의 모습이 주위의 빛 속으로 녹아들어 보이지 않게 되어 버린다.

심해어는 수직으로 위쪽에서부터 빛이 오기 때문에 눈도 그것에 적응하여 위로 향해 붙어 있다. 이 때문에 그들은 자기보다 위쪽을 헤엄치고 있는 것을 먹이로서 습격하게 된다. 이같이 포식자의 눈을 속이는 수단으로서 발광은 충분한 효과를 올리는 것이라고 생각된다.

또 심해어의 대부분은 낮과 밤에서 얕은 층-깊은 층으로 수직이동을 하는 것이 알려져 있다. 이 때 샛비늘치의 무리들은 주위의 빛의 세기에 따라서 발광의 세기를 조절할 수 있다고 한다. 또 악어발광멸 무리들이 내는 붉은 빛은 넓은 범위까지 미친다. 그들은 먹이를 찾을 때 서치라이트로서도 발광을 이용하고 있을 것이다. 또 초롱아귀류가 먹이를 유인하기 위하여 발광을 이용하고 있는 것은 잘 알려져 있다.

물론, 종에 따라서 다른 배열과 크기의 발광기를 갖는 그들이, 종족을 인지하는 데에 발광을 이용하고 있는 것은 확실할 것이다. 특히 천해성 철갑둥어나 발광금눈돔, 주둥치 등은 야간의 동료 확인에 발광을 사용하고 있는 것으로 생각된다.

그런데 발광은 적의 눈을 속이고, 먹이를 찾으며 동료간의 식별에 사용하는 등 매우 효과적인 방법이다. 그러나 반대로 발광에 의해서 자신의 위치를 멀리 있는 포식자에게 가르쳐 주는 것이 되기도 한다. 발광도 그들에게는 한 번 사용법을 그릇치면 죽음을 불러오는 마약과도 같은 것일지 모른다.

24. 발광 박테리아

달 없는 밤, 물결 사이로 반짝이는 야광충이나 바다반딧불의 파리한 빛은 무언가 신비한 느낌을 일으키게 한다.

바다의 생물로 빛을 내는 것은 이 밖에도 해파리, 오징어, 물고기의 무리에서 많은 종류가 있는데, 박테리아 중에서도 발광박테리아라고 불리는 한 무리의 것이 있다. 바다에서 갓 잡힌 물고기나 오징어 등을 그대로 서늘한 곳에 놓아 두면, 이윽고 그 표면에 발광 박테리아가 번식하여 파리한 곳에서 청백한 빛을 던지게 된다.

발광 박테리아는 바다의 박테리아로서는 흔한 것의 하나로서, 그 종류도 한 때는 100종을 넘었다. 그러나 그 대부분은 같은 균종(菌種)에 몇 사람의 연구자가 제각기 다른 이름을 붙인 것이라고 생각되며, 현재의 분류로서는 바다의 발광 박테리아를 대, 여섯 종류로 정리하고 있다.

바다와는 달리 육지에 발광 박테리아가 적은 것은 불가사의한 일이다. 특히 바다에 유래하지 않는 육지 본래의 발광 박테리아는 극히 드물다. 믿을 수 있는 보고에 의하면 자벌레 등의 곤충에 병을 일으키는 일종의 선충(線虫)의 장(腸)에 기생하는 발광세균과 엘베 강물에서 잡힌 발광성 콜레라균의 예를 들 수 있다.

바다에 사는 발광 박테리아는 연안이고 외양을 가리지 않고 해수 속에서 보통 볼 수 있다. 한편 이 박테리아의 특징으로서 바다에 사는 물고기, 조개, 오징어, 문어 등의 동물과 친밀한

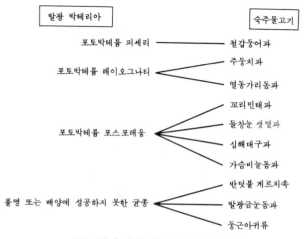

표 1 발광 박테리아와 숙주어와의 대응

관계를 갖고 있어, 이들 동물의 장이나 아가미에 기생하거나 또는 물고기나 오징어의 발광기관 속에 공생(共生)하거나 한다.

❖ 발광 박테리아의 공생

발광기관에 발광 박테리아를 갖는 물고기나 오징어는 수많이 알려져 있다. 이들은 굳이 심해성의 것뿐 아니라, 주둥치, 철갑둥어, 귀오징어, 좀귀오징어 등과 같이 얕은 바다에 살고 있는 것도 있다. 하기는 발광기관을 갖는 물고기나 오징어가 모두 박테리아를 사용하고 있는 것은 아니며, 자력으로 발광하는 종류도 있다는 사실을 지적해 두어야 할 것이다(23. 참조). 발광 박테리아를 갖고 있는 경우에는 물고기의 종류에 따라서 그 발광기관에 서식하는 박테리아의 종류가 결정되어 있다 (표 1). 발광 박테리아는 서로 성질이 흡사한데도 그 중에서 왜 특별한 종류가 특정한 물고기에 선발되고, 그 발광기관 속에서 살게 되는지 아직은 수수께끼로 남아 있다.

어쨌든 발광 박테리아는 물고기의 발광기관 속에 서식함으로써 거기에 분비되는 영양물을 얻어 먹고 안식처를 얻게 된다. 한편 물고기도 박테리아가 내어 놓는 빛을 이용해서 동료간의 신호에 사용하거나 먹이를 끌어 들이거나 또는 외적의 눈을 속이거나 하고 있는 것 같다.

물고기가 박테리아가 내는 빛을 이런 목적에 의식적으로 사용하고 있다는 사실은, 그 빛을 자유로이 점멸할 수 있는 구조를 갖고 있는 것에 의해서도 명백할 것이다. 예를 들면 반다 해에 있는 포토브레파론이라는 발광어는 눈 밑에 커다란 발광기를 갖고 있는데, 빛을 가릴 때는 그 밑에 있는 검은 눈꺼풀과 같은 조직을 들어올려서 발광기를 감춘다. 또 일본의 온대지방 연안에 있는 철갑둥어도 입 밑에 있는 발광기를 점멸시킨다는 것이 알려져 있다.

물고기가 발광기관 속의 박테리아를 얼마나 잘 이용하고 있는가에 대해서, 미국의 던럽(Dunlop) 등이 최근에 재미있는 연구결과를 발표했다.

이 보고에 의하면 주둥치의 발광기관 속에는 박테리아가 만원 전차 속의 사람들처럼 빽빽히 채워져 있다. 그 밀도는 $1m\ell$ 당 2,000억에나 달한다고 한다. 또 발광기관 속은 염분도 매우 낮아서 해수 속의 3분의 1쯤 밖에 안 된다. 이같은 환경에서는 박테리아가 충분히 증식하지 못하고 또 운동하기 위한 기관인 편모(鞭毛)도 상실되어 버린다.

물고기는 이같이 하여 발광 박테리아가 무제한으로 증식하여 발광기관 밖으로 넘쳐 나가는 손실을 되도록 줄이려 하고 있는 것 같다. 이같은 조건 아래서는 발광기관 속의 박테리아에 공급되는 산소는 대부분이 발광을 위해서 사용되게 된다. 이리하여 발광기관 속에서는 해수를 바탕으로 해서 만든 보통의 배양기 속과 비교해서, 박테리아는 10배에서부터 100배나 더 센

빛을 내게 된다.

❖ 발광 박테리아의 이용

발광 박테리아에는 사람에게 대한 병원균이 알려져 있지 않다. 그렇다고 해서 그 빛을 직접으로 이용할 만한 단계에도 현재로서는 진보하지 못한 것 같다.

오래된 문헌에는 인도네시아나 포르투갈의 어민이 발광어의 발광기관 또는 그것에서부터 취한 분비물을 낚시 미끼로 이용하고 있었다는 기록이 있다. 또 박테리아는 아니지만 2차대전 중에 바다반딧불을 모아서 건조하여 가루로 만든 것을 일본 군인들이 열대의 정글 속에서 야간의 신호용으로 썼었다는 사실이 잘 알려져 있다. 저명한 일본의 해양생물학자가 그 때문에 바다반딧불을 대량으로 수집하는 연구에 동원되었더라는 얘기를, 그 일에 종사한 유명한 선생님께서 직접 들은 적이 있다.

25. 바다의 먹이사슬

❖ **먹이사슬과 먹이그물**

바다에 분포해 있는 많은 생물 사이에도 육지의 생물 사이에서 볼 수 있는 밀접한 관계가 있어서 **생태계**가 유지되고 있다. 식물 플랑크톤이나 해조(**海藻**), 일부 세균에 의해서 무기물로부터 만들어진 유기물에 의해서 각 생물체가 구성되어 있는데, 거기에서는 각 생물 사이에서 "먹고 먹히는" 관계가 있다. 어떤 생물이 다른 생물을 잡아먹고, 그 생물은 보다 고차원의 식위치(**食位置**)에 있는 생물에게 잡아 먹힌다는 관계이다.

바다의 현장의 예를 들면, 남극해에서는 식물 플랑크톤을 대형 **갑각류**의 일종인 남극새우가 잡아먹고, 이것을 수염고래의 일종인 큰고래가 잡아먹는 비교적 **짧**은 먹이사슬이 있다. 그러나 이 **짧**은 사슬 외에 식물 플랑크톤을 소형 갑각류인 요각류가 잡아먹고, 이것을 육식성인 단각류(**端脚類**)가 잡아먹고, 마지막으로 수염고래의 일종인 보리고래가 잡아먹는 사슬도 동시에 존재한다.

또 큰고래는 단각류를 잡아먹지 않지만 **보리고래**는 단각류를 잡아먹고, 바다의 맹수 범고래가 두 **종류의 수염고래**를 포식하는 일도 있을 것이다. 남극의 새 **펭귄의 먹이**는 남극새우인데 때로는 범고래의 습격을 받는다. 그리고 이들 동물의 소화된 배설물로부터는 식물 플랑크톤의 증식에 사용되는 영양염이 재생된다.

이렇게 생각하면 바다 현장의 각 생물 사이의 식위치(**食位置**)

관계는 매우 복잡하여, 그물코처럼 얽히고 설켜 있다고 하는 것이 적절하다. 따라서 먹이사슬이라기보다는 "먹이그물(食物網)"이라고 표현하는 일이 많다.

❖ 영양단계와 먹이의 피라미드

해수 속에는 물과 이산화탄소와 같은 무기화합물, 태양빛을 주로 하는 광에너지, 무기화합물의 산화에 바탕하는 에너지로부터 생물체를 구성하는 유기화합물을 만들어내는 식물 플랑크톤이나 해조(海藻)와 같은 식물과 일부의 세균이 분포해 있다. 이같은 생물군은 다른 생물을 포식하거나, 생물의 시체 즉 유기물에 의존하지 않는다. 따라서 이같은 생존양식을 "독립 영양(獨立榮養)"이라고 하고, 이런 생존양식을 취하는 생물을 "독립 영양 생물"이라고 한다.

독립 영양 생물은 육지로부터 가져와지는 유기물(하천에 의해서 바다로 운반되는 유기물)이나 공기로 운반되는 유기물(곤충이나 먼지 등) 등을 제외하고는, 해양의 생태계에 유기물을 공급하는 유일한 생산자이므로, 해양에서도 "제1차 생산자" 또는 "기초 생산자"라고 불린다. 방금 말했듯이 해양에서의 제1차 생산자는 식물 플랑크톤이나 해조(海藻)가 주인데, 양적으로 중요한 것은 널리 세계에 분포되어 있는 식물 플랑크톤이 된다.

다음으로 식물 플랑크톤과 같은 제1차 생산자를 포식하여 생활하는 생물군이 있다. 동물 플랑크톤 중의 상당 부분의 종(種)과 치어 등에서 많이 볼 수 있는데, 이것은 "제1차 소비자"라고 불리고 또 "제2차 생산자"로 되는 것도 있다. 제1차 소비자인 동물 플랑크톤을 잡아먹고 생활하는 생물군은 "제2차 소비자" 또는 "제3차 영양단계"에 속하게 되는데, 이 무리에는 청어, 명태가 포함되고, 대형 수염고래인 흰큰고래, 큰고래도 이 먹이위치에 들어간다. 제3차, 제4차 소비자

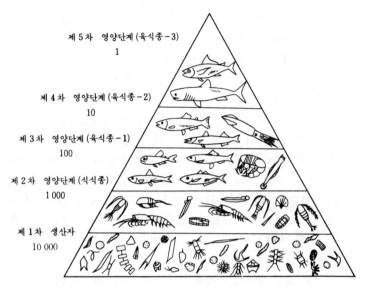

제 5 차 영양단계 (육식종 - 3)
1

제 4 차 영양단계 (육식종 - 2)
10

제 3 차 영양단계 (육식종 - 1)
100

제 2 차 영양단계 (식식종)
1 000

제 1 차 생산자
10 000

제 5 차 영양단계 생물량을 1 로 했을 경우의 하위 생물이 포식되는 양을 가리킨다.

그림 1 해양의 생물 생산 피라미드

가 되면 일반적으로는 거의 대부분의 어류가 포함된다. 즉 오
징어, 샛비늘치를 포식하는 연어, 송어류나 가다랭이, 참다랑
어류와 같은 주요 수산 어류들이다.

이렇게 해서 해양에서는 고차 소비자에 이르기까지 몇 개의
단계가 인정되고, 이것을 "영양단계(榮養段階)"라고 한다. 이
영양단계를 한 단계씩 올라갈 때마다 포식량의 어느 부분 밖에
전이(轉移)되지 않는 것이 분명하다. 나머지는 먹이를 잡거나
호흡에 필요한 에너지가 되고, 또는 배설물로서 배설된다. 어
떤 영양단계에 의해서 섭식(攝食)된 양에 대해서 상위의 영양
단계에 의해서 섭식된 양의 비(比)를 "생태적 효율(生態的 效
率)"이라고 하며, 일반적으로는 10 %정도의 값이 받아 들여지

고 있다. 최근의 연구결과에 따르면 이 값은 약간 높아져서 해역에 따라서는 20%에 가까울 것이라는 설도 있다.

어쨌든 일단 10%를 생태적 효율로 간주하고 바다의 생물을 보면 다음과 같은 관계가 성립한다. 북부 북태평양에서 악상어와 같은 대형어가 1이라는 양으로 존재하기 위해서는 그 먹이가 되는 연어 10이 분포해 있어야 하게 된다. 연어, 송어류는 종(種)에 따라서 식성(食性)이 다르지만, 먹이가 되는 샛비늘치나 오징어가 $10 \times 10 = 100$만큼 존재해야 한다. 또 샛비늘치나 오징어의 먹이인 동물 플랑크톤은 1,000, 동물 플랑크톤의 먹이가 되는 식물 플랑크톤은 10,000이라는 양이 필요하게 된다. 식물 플랑크톤은 제 1 차 생산자이므로 다시 이것을 밑변으로 하여 그림을 그리면, 대형 어류 포식자 악상어를 꼭지점으로 하는 삼각형 피라미드가 형성된다. 이같은 그림은 「생산 피라미드」라고 불린다.

❖ 세계의 해역에서의 **영양단계** 상태

해양에는 여러 가지 특성을 지닌 해역이 있고, 각각 주요 생물의 영양단계수가 달라져 있다. 즉 먹이사슬의 길고 짧음이 있다. 지금 몇 가지 예를 들어 보자. 일반적으로 외양해역은 낮은 생태적 효율을 가진 긴 먹이사슬이 있고, 용승류(湧昇流)가 있는 해역은 짧은 먹이사슬이 특징적으로 보고되어 왔다. 파슨스(Parsons)박사 등에 의하면 외양해역에서는 다음과 같은 예를 북태평양에서 볼 수 있다.

식물 플랑크톤 ⟶ 동물 플랑크톤 ⟶ 플랑크톤포식자
(소형 규조·편모조)　　소형 갑각류　　소형 어류·오징어류
　　　　　　　(요각류·남극새우류 등) (샛비늘치, 꽁치, 대형
　　　　　　　　　　　　　　　　　　　　오징어류)

⟶ 소형 어류 포식자 ⟶ 대형 어류 포식자
(연어, 대형 오징어 등)　 (악상어, 참다랑어)

또 "먹고—먹히는" 관계는 각 개체의 크기에도 크게 영향을 미치기 때문에, 종에 따라서는 각 단계의 중간위치에 있는 것도 적지 않으리라 생각된다.

다음에는 연안이나 외해 중의 얕은 여울 또는 대륙붕과 같은 해역의 먹이사슬로서는, 다음의 앞바다와 육붕의 바닥부분의 두 가지 예가 포함된다.

1) 식물 플랑크톤 ⟶ 동물 플랑크톤
　　 (대형 규조류·와편모조)　　(요각류)

　　⟶ 플랑크톤 포식자 ⟶ 소형 어류 포식자
　　　　소형 어류 포식자　　　(연어·밍크고래)
　　　　(청어 등)

2) 식물 플랑크톤 ⟶ 식식성(植食性) 저서생물
　　 (미소 식물 플랑크톤)　　(바지락·굴·참갯지렁이, 다른 저서생물)

　　⟶ 저서 육식동물 ⟶ 어류 포식자
　　　　(대구·넙치 등)　　　(돔발상어 등)

다음에는 가장 짧은 사슬로서 용승류(湧昇流)의 예를 든다.

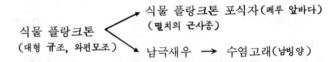

식물 플랑크톤
(대형 규조, 와편모조)
　⟶ 식물 플랑크톤 포식자(페루 앞바다)
　　(멸치의 근사종)
　⟶ 남극새우 ⟶ 수염고래(남빙양)

이런 장소에서는 바다의 제 1 차 생산은 가장 효율적이며 에너지가 고차 영양단계로 옮겨가 있다. 페루 앞바다의 멸치에 가까운 종 안쵸베타는 해수권 바깥의 생물, 수많은 바닷새의 먹이가 되며, 주변 해역의 섬에서 볼 수 있는 바닷새의 배설물이 변화해서 생긴 방대한 양의 구아노(Guano)는 제 1 차 소비자 및 제 2 차 소비자의 각각의 방대한 포식량을 말해 주고 있다.

26. 먹이사슬의 화학

❖ 두 개의 질소

우리가 매일 호흡하고 있는 공기 속의 주성분이 질소가스인 것은 잘 알려진 일이다. 이 질소에는 무게가 다른 두 개의 안정동위체(安定同位體) ^{14}N, ^{15}N이 있다. 질소는 대기권을 포함한 지표에서는 대기 속에 거의 대부분이 존재하며 ^{14}N이 99.635%, ^{15}N은 0.365%이다. 여러 가지 화학반응이나 생물에 의한 효소반응에서는, 가벼운 질소로 구성되는 분자와 무거운 질소를 가진 분자에서는 그 화학적 성질이 약간 다르다. 예컨대 $^{15}NO_3^-$와 $^{14}NO_3^-$를 박테리아에 투여하여 혐기적(嫌氣的) 조건 아래서 탈질산화($NO_3^- \rightarrow N_2$)시키면 $^{14}NO_3^-$쪽이 1.04 배쯤 빨리 N_2가스로 변환한다.

이같이 동위체 분자에 의해서 거동이 달라지는 현상을 "동위체 효과(同位體效果)"라고 부르며, 흔히 신문 뉴스 등에서 듣는 우라늄 등의 분리도 이 동위체 효과를 이용하여 우라늄의 동위체를 분리하는 것이다. 동위체 효과에 의한 동위체 조직의 변동은 극히 작으므로 다음의 식으로서 정의된 농축도 ($\delta^{15}N$)를 사용하여 나타낸다.

$$\delta^{15}N \text{ 퍼밀} = \left\{ \frac{(^{15}N/^{14}N)_{\text{시료}}}{(^{15}N/^{14}N)_{\text{표준}}} - 1 \right\} \times 1,000$$

표준 시료로서는 공기 속의 질소가스〔0.0퍼밀, permil : 1/1,000〕가 사용된다. 예컨대 시료 중의 ^{15}N함량이 공기 속(0.365 %)

의 2배가 되면 농축도는 +1,000 퍼밀이 되고, 또 시료 속에
^{15}N가 전혀 없는 경우에는 농축도는 "마이너스"의 값을 나타
내어 −1,000 퍼밀이 된다.

자연계의 여러 가지 질소를 함유하는 화합물 속에서 이 ^{15}N농
축도는 −50∼+50의 범위에서 변동한다. 지금까지 생물계에
서 발견되어 있는 ^{15}N의 최다 함유 생물은 남극 펭귄의 루커리
(rookery, 집단 번식지) 안에 자라고 있는 프라시올라(Prasiola)
라는 녹조(綠藻)이다. 그 이유로는 루커리 속에 펭귄의 배설물
속의 요산(尿酸)이 토양 속에서 암모니아와 이산화탄소로 분해
되어, 일시적으로 pH가 상승하면 암모니아(NH_3)가 날아가게
된다. 이 때 $^{15}NH_3$에 비해서 $^{14}NH_3$이 1.04배쯤 날아가기 쉽
기 때문에, 토양 속에 남은 NH_4^+가 ^{15}N이 많아지게 되고, 이
것을 이용한 조류(藻類)는 비정상적으로 높은 ^{15}N농축도를 나
타내게 된 것이라고 이해된다.

❖ 먹이사슬효과

이같은 동위체 효과는 동물이 먹이를 먹었을 경우에도 일어
나는 것이 알려져 있다. 그림 1은 여러 가지 동물의 사육 실험
을 하여 그 먹이의 ^{15}N농축도와 자란 동물 전체의 ^{15}N농축도
를 비교한 것이다. 양쪽의 ^{15}N함량이 같고 동위체 효과가 없
는 경우는 모든 점은 $Y=X$, 즉 기울기가 45°인 직선이 될 것
이다. 하지만 이 그림에서 보듯이 모든 점은 Y축의 플러스
방향으로 3∼5 평행이동을 하고 있고, 평균 $Y=X+4$의 값
이 얻어진다. 이것은 동물쪽이 먹이에 비해서 4정도 ^{15}N을
농축한다는 것을 가리키고 있다. 실험에 사용한 동물은 플랑
크톤, 곤충, 물고기, 소 등으로서 하등동물에서부터 고등동물
에 이르기까지 넓고, 이런 현상은 일반적인 것이다.

여기서 발견된 ^{15}N의 농축메커니즘은 아직 밝혀지지 않았지

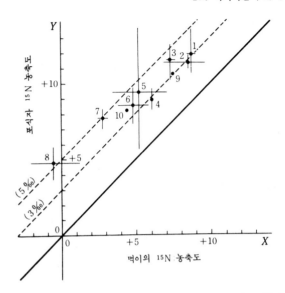

1 : 거미 · 개구리 — 매미충 (고노스))
2 : 물고기 — 플랑크톤(아시노코)
3 : 동물 플랑크톤 — 식물 플랑크톤(아시노코)
4 : 마우스 — 효모
5 : 동물 플랑크톤 — 식물 플랑크톤(베링해)

6 : 물고기 — 플랑크톤(동지나해)
7 : 알테미라 — 효모
8 : 동물 플랑크톤 — 적조조류(동지나해)
9 : 라트 — 카제인(Geablers, 1964)
10 : 라트 — 대두단백(동상)

그림 1   먹이와 포식자의 ¹⁵N농축도의 관계

만, 생물체 내에서는 아미노산의 풀(pool)이나 단백질 속에 ^{15}N
이 농축되어 있고, 포식자는 이것을 선택적으로 섭취하기 때문
이 아닐까 하고 생각되고 있다. 여기서 얻어진 사실은 먹이사
슬에 따라서 ^{15}N이 일정한 비율로 농축되어 가는 것을 시사하
고 있다. 예컨대 출발물질인 식물 플랑크톤의 농축도를 0.0퍼
밀이라고 하면 이상적인 먹이사슬계에서는

식물 플랑크톤 → 동물 플랑크톤 → 물고기
0퍼밀   4퍼밀   8퍼밀
                (영양단계 1)   (영양단계 2)

이라는 도식을 쓸 수 있고, 역으로 ^{15}N함량의 농축도로부터 각 생물의 영양단계에 관한 지식을 얻을 수 있다. 즉 종전의 생태학적인 방법으로서의 관찰이나 위(胃)의 내용물을 조사하는 등을 하지 않고서도 어느 정도까지는 무엇을 먹고 있는지를 알 수 있는 것이다. 그러나 지금까지와 다른 점은, 같은 종류의 생물이라도 식성(食性)이 다르면 ^{15}N의 농축도가 변동하고 구별되는 점이다.

❖ 펭귄의 먹이사슬

그런데 세계에는 18종류, 1억마리 이상의 펭귄이 살고 있다. 남극대륙에는 이 중에서 아델리펭귄과 황제펭귄이 살고 있다. 남극바다는 해수의 상하 혼합이 활발하여 하층으로부터 식물 플랑크톤의 영양원이 되는 질산형 질소(NO_3-N)와 인(P)이 공급되고, 대량의 규조(硅藻)가 자라서, 이것을 먹이로 하는 유명한 남극새우가 대량으로 존재한다. 펭귄, 물고기, 고래의 일부는 이 남극새우를 먹이로 하여 생활하고 있다. 한냉지는 생물의 종류도 비교적 적고 단순하여 먹이사슬에 따른 생물의 종류도 잘 알려져 있다. 펭귄의 집단 번식지에 사는 생물의 거의는 펭귄으로서 도적갈매기가 약간 공존할 뿐이다. 또 남극대륙 주변에는 남극주연(周緣)해류가 흐르고 있으며 이 해역에서는 질소의 출발물질이 되는 질산(NO_3)도 잘 혼합되어 있다. 따라서 이 질산의 ^{15}N농축도는 6퍼밀로 남극바다에서는 거의 일정한 값으로 되어 있다. 그림 2에 남극주변 해역, 로스섬 바드곶의 아델리펭귄, 로스해의 여러 가지 물고기를 종류와 크기로 나누어 그 ^{15}N농축도를 보여 주었다.

광합성을 하는 규조(硅藻)는 1퍼밀로 질산보다 5퍼밀쯤 낮아져 있다. 이것은 조류(藻類)가 질산을 동화할 때 남극에서는 빛이 약하기 때문에 동위체 효과가 일어나서, $^{14}NO_3^-$가 $^{15}NO_3^-$

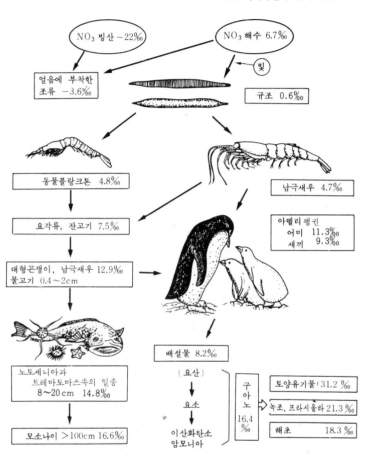

그림 2 아델리펭귄의 먹이사슬과 ^{15}N 농축도

보다 1.005배쯤 빨리 동화되기 때문이라고 생각된다. 남극새우는 식물 플랑크톤을 포식하는데 식식성(植食性) 동물 플랑크톤은 약 5퍼밀, 작은 물고기는 8퍼밀, 중간 정도의 물고기가 13퍼밀, 대형 물고기는 17퍼밀의 값을 나타내고, 먹이사슬에

따라서 ^{15}N이 점차 농축되어 가는 것을 깨끗이 볼 수 있다.

그런데 펭귄은 1년 이상이 지난 것은 11퍼밀, 새끼가 9.3 퍼밀의 값을 보였다. 펭귄은 주로 남극새우와 대형 동물 플랑크톤, 잔고기를 먹이로 한다. 어미펭귄은 앞바다로 나가서 먹이를 잡아먹고, 주로 남극새우의 수프를 위 속에 모아서 루커리(집단번식지)로 돌아와서 새끼에게 먹인다. 새끼가 9.3퍼밀을 나타내는 것은 5퍼밀의 남극새우를 90% 이상 먹이로 삼고 있다는 것을 뜻하며, 지금까지의 관찰 결과와 잘 일치한다. 한편 어미펭귄의 11.4퍼밀은 먹이로서 65%가 남극새우이고, 나머지 35%가 잔고기인 것을 뜻하고 있다.

^{15}N농축도는 이같이 식성(食性)이나 영양단계(먹이사슬 속에서의 위치 설정)를 알 수 있는 유력한 화학적 정보량이 된다는 것을 알게 되었다. 구미에는 " You are what you eat ! "라는 속담이 있다. 의역하면 「음식물에 의해서 그 구성성분이 바뀌어진다」는 것이 된다. 인간의 경우에도 이 ^{15}N농축도는 인종에 따라서 큰 폭의 차이가 생긴다. 가장 높은 값은 바다짐승을 주식으로 하고 있는 에스키모이고, 질소고정을 하는 콩과식물 (豆科植物)을 주식으로 하는 멕시코인이 가장 낮다. 한국인은 생선을 많이 먹기 때문에 꽤 높은 값이 되리라고 생각한다.

27. 바다의 눈 — Marine Snow

❖ 바다에 내리는 눈

따뜻한 봄날, 거의 파도가 없는 해면으로부터 물 속을 들여다 보았을 때, 하얀 무명꽃과 같은 입자모양의 물질이 물 속에 흩어져 있는 것을 본 적이 있을 것이다. 양동이로 틀림없이 물을 퍼 올렸는데도 그 속에는 아무 것도 없는 일이 있다.

실은 이같은 물질도 바다의 눈과 같은 성인(成因)으로 생긴 것이 있는 것으로 생각된다. 이같은 입자모양 물질은 얕은 바다에서도 볼 수 있다.

해양연구의 발전과 더불어 잠수연구선 또는 잠수구(潛水球) 등의 배에 사람이 타고 직접적인 관찰이나 해수, 생물, 바닥질 등의 연구 대상물을 직접 채집하는 일이 활발해졌다. 또 심해 카메라에 의한 촬영이나 TV카메라를 연구선으로부터 드리워서 바다 속을 조사하는 일도 활발해졌다.

몇 번의 수중관찰에서 잠수정의 서치라이트나 TV카메라의 빛에 비추어져서 해수 속을 함박눈이 내리듯이 조용히 떨어져 내리는 수많은 하얀 입자모양 물질이 인정되었다. 육상에 눈이 내리는 상황과 흡사하기 때문에 일본의 어느 해양학자가 "Marine snow"(바다눈)라고 명명하여 지금은 국제적으로 사용되고 있다.

❖ 마린 스노우란 무엇인가?

Marine snow는 프랑스의 "바치스카프"나 일본의 "구로

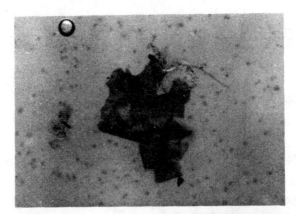

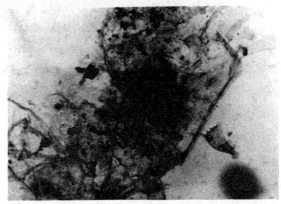

사진 1 마린 스노우의 확대사진

시오호 " 등의 잠수관측에 의해서 일본해구나 일본 근해로부터 보고되어 있는데, 이같은 해수 속의 입자모양 물질은 바다의 얕은 표층으로부터 수천m의 심해까지 분포해 있는 것이 확인되었다. 그 모양은 해역이나 계절, 깊이에 따라서 변화하는 것이 관찰되고 있으나 정량적(定量的)·정성적(定性的)인 결과는 아직 충분히 얻어지지 못하고 있으며 오히려 앞으로의 연구

에 기대되는 바 크다. 그러나 일반적으로 표층에 플랑크톤이
많은 해역일수록, 마린 스노우가 많고 또 표층의 것일수록 대
형이며, 심해로 가는데 따라서 소형이 되는 경향이 인정된다.

현재까지의 연구로는 마린 스노우는 바다 속에서 이른바 입
자성유기물(detritus)이라고 불리는 입자모양 물질과 일치한다
고 생각되고 있다. 바다 속에는 많은 생물의 시체나 생물의 빈
껍질, 배설물, 배출물 등이 있는데 마린 스노우는 이들 비생물
유기 입자모양 물질이나 분해과정의 상태에 있는 것을 포함하
고 있으며, 또는 이들이 기계적으로 느슨하게 결합하여 생긴
입자모양 물질일 것이다. 바다 속에서 직접 관찰한 기록이나
사진으로 미루어 보면, 대개가 덩어리모양이나 긴 실모양의 응
집물로서 채수기로 퍼 올리려 하면 금방 파괴되어 버린다. 이것은
채집할 때의 근소한 충격으로도 파괴되어 버리기 때문이라고 생
각된다.

눈이 미세한 필터로 여과하면 이러한 마린 스노우의 일부라고
생각되는 입자모양 물질이 걸려든다. 이 속에는 동물 또는 식
물 플랑크톤의 파편, 특히 단단한 갑각류의 턱이라든가, 규조
류(硅藻類)의 파편 등이 발견된다. 또 덩어리를 형성하기 쉬운
미생물군이 종종 검출되는 일이나, 일부 세균이 해수 속에 떠
돌아 다니고 있는 부유물질에 부착하기 쉬운 유기물을 분비하는
것으로부터 세균의 작용은 무시할 수 없다. 외양해역의 해수는
평균적으로 생각하면 세균류에게 대해서 매우 낮은 영양상태이
므로, 생물의 유해나 그 파편을 증식장(增殖場)으로 한 해양의
먹이사슬 중에서, 생물이 아닌 유기물을 먹는 과정의 사슬, 즉
"부식사슬(腐蝕連鎖)"에 매우 큰 작용을 하고 있는 것으로 생
각된다.

앞으로 마린 스노우를 수심별로 상세히 해석함으로써 마린
스노우의 성인과 구성뿐 아니라, 해양의 먹이사슬이나 유기물

의 퇴적과정을 포함하여, 생물을 둘러 싼 바다의 메커니즘이 밝혀지게 될 것이다.

❖ 마린 스노우와 해양학

최근에 두드러진 진보를 이룩하고 있는 해양학 중에서의 수수께끼의 하나로는 마린 스노우가 있는데, 언제, 어디서, 어떻게 생성되느냐고 하는 것에 대해서는 전혀 확증이 없다. 이것은 앞에서 말했듯이 실험실 내에서의 재생이 극히 어렵다는 점과, 완전한 형태로는 채집할 수 없다는 점에 의하는 것이라고 생각된다. 더구나 해양생태계에서의 유기물질의 분해과정 중의 한 과정이라고 생각되고, 또한 먹이사슬의 하나인 부식사슬(腐蝕連鎖)의 한 과제라고 생각되기 때문에, 앞으로 더욱 마린 스노우에 관한 연구가 계속될 것이다.

육상의 눈의 연구에서도 어떤 결정이 있느냐, 왜, 어떻게 해서 생성되느냐고 하는 데서부터 연구가 시작되었다. 해양에서도 바다에 침전물 트랩(sediment trap)을 설치하여 무엇이 얼마나 떨어지느냐, 또 떨어진 것을 분석하여 바다의 생태계가 어떤 메커니즘으로 움직이고 있는가를 연구하는 계획이 추진되고 있다. 마린 스노우의 신비도 멀지않아 해명될 것이다.

28. 심해의 플랑크톤

최근에 흔히 "심해"라는 말이 사용되고 있는데, 이 "심해"라고 하는 말의 정의는 매우 어렵고, 연구자에 따라서도 의견이 상당히 다르다. 여기서 심해의 일반적인 정의를 소개하기로 한다. 보통 바다는 해안에서 앞바다로 향해서 대륙붕이 퍼져있다. 이 대륙붕의 바깥 언저리의 깊이는 대충 200m로서, 생물학적으로는 대륙붕의 해역과 그 바깥쪽 해역에서는 생물의 종류도 다르기 때문에, 200m보다 얕은 곳을 "천해(淺海)", 깊은 곳을 "심해(深海)"라고 구별한다. 다시 심해를 세분하면 200~3,000m까지가 "점심해대(漸深海帶), 3,000~6,000m 까지가 "심해대(深海帶)", 6,000m보다 깊은 곳이 "초심해대 (超深海帶)"라고 불린다.

19세기 중엽까지는 심해에는 생물이 생존할 수 없다고 생각되고 있었으나, 1869~1870년에 걸쳐서 에든바라대학의 박물학 교수 톰슨(C. W. Thomson)은 군함 「포큐파인호」로 해양조사를 하여 2,000m의 심해에서 많은 생물을 채집하여 당시의 사람들을 놀라게 했다. 이후 「챨린저호」, 「갈라테아호」 등의 항해에 의해서 플랑크톤을 포함한 심해생물에 대한 지식이 서서히 축적되어 왔다.

현재는 초심해대의 조사도 행해지게 되었으나 육상의 생물학의 진보와 비교하면 천양지차로서, 심해는 아직도 많은 수수께끼에 감싸여 있다. 심해의 환경조건은 얕은 바다와 비교하면 두드러지게 다르며 암흑, 저수온, 고수압, 어느 것을 취하더라도 거기에 사는 생물에게는 엄격한 조건뿐이다. 그렇다면 이 같은 심해에 살고 있는 플랑크톤이란 어떤 것일까?

❖ 심해에서의 플랑크톤의 양

플랑크톤에도 동물과 식물이 있는데 식물 플랑크톤은 천해(淺海) 상부의 유광층(有光層)에서 생산되어, 얕은 바다에 사는 요각류(橈脚類), 남극새우류 등 식식성(植食性) 동물 플랑크톤의 먹이가 된다. 최근에 규조(硅藻), 편모조(鞭毛藻), 원석조(円石藻), 남조(藍藻) 등의 식물 플랑크톤이 유광층보다 깊은 곳, 때로는 심해로부터도 보고되고 있는데, 그 생활사나 영양법에 관해서는 상세히 알지 못하고 있다. 어쨌든 식물 플랑크톤에 관해서는 심해는 주된 서식처가 아니다.

그림 1은 세계 해양에서의 동물 플랑크톤의 수심별 생물량(濕重量)을 나타낸 것이다. 어느 해역에서나 일반적으로 심도의 증가에 따라서 생물량이 감소하며, 수심 1,000m층에서는 200m 부근의 거의 1/10로, 2,000m층에서는 1/50로 낮아진다. 고유의 심해종이 거의 출현하지 않는 동해(東海)에서는 이 경향이 더욱 두드러진다.

심해에서는 식식성 플랑크톤이 적어지고, 대신 육식성(肉食性) 플랑크톤이 많아진다. 한편 초심해대에서는 육식성 플랑크톤이 적어지고, 대부분이 데트리터스(27. 「바다의 눈-마린 스노우」 참조)를 먹는 부식성(腐食性)이 된다. 이같이 동물 플랑크톤의 식성도 심도와 더불어 달라진다.

그림 1을 보아서 알 수 있듯이 일반적으로 얕은 바다에서의 생물량이 큰 해역일수록 심해에서도 생물량이 큰 경향을 볼 수 있다. 이 원인에는 「해양에서의 먹이사슬」과 「플랑크톤의 일주기(日周期) 수직이동」이라고 하는 두 가지 문제가 관련되어 있다. 먹이사슬이란 생물 사이에서 볼 수 있는 「먹고 먹히는

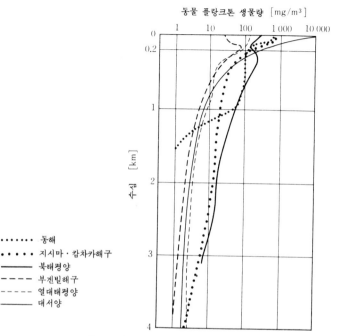

동물 플랑크톤 생물량 [mg/m³]

그림1 동물 플랑크톤 생물량의 수직분포

관계」로서, 플랑크톤의 세계에서는 이미 말했듯이 식물 플랑크톤 ─→ 식식성 동물 플랑크톤 ─→ 육식성 동물 플랑크톤이라고 하는 관계가 성립한다. 대체로 육식성 플랑크톤이 1이라고 하는 양이 되기 위해서는 식식성 동물 플랑크톤은 10, 식물 플랑크톤은 다시 10배인 100이라는 양이 필요하다(25.「바다의 먹이사슬」참조). 그러므로 식물 플랑크톤량이 많은 베링해, 남극해 등의 저위도의 얕은 바다에는 다량의 식식성 동물 플랑크톤이 존재하고 있는 것이다.

그렇다면 유광층에서 생산된 유기물은 어떻게 하여 심해까지 도달하는 것일까?

최근에 식물 플랑크톤도 일주기 수직이동을 한다는 보고가 있는데, 그 규모는 극히 작아서 1m 이내이다. 그러므로 살아 있는 식물 플랑크톤 자체가 심해까지 하강하는 일은 없다. 그러나 식식성 요각류나 남극새우류에서는 수 100m의 일주기 수직이동을 하는 종이 적지 않으므로, 이들은 야간에 얕은 바다에서 식물 플랑크톤을 충분히 잡아먹고, 주간에는 심해까지 하강해 간다. 하강해 온 플랑크톤은 거기에 사는 화살벌레류 등의 육식성 플랑크톤의 알맞은 먹이가 된다.

육식성 플랑크톤 자신도 심해에서 수직이동을 하기 때문에, 더욱 깊은 곳에 사는 마이크로넥톤(micronecton)이나 어류에 의해서 포식된다. 심해로의 유기물의 전달은 이같이 몇 단계의 주야 수직이동에 의해서 릴레이식으로 심해까지 미치게 된다. 또 얕은 바다에 사는 식식성 플랑크톤의 배설물은 침강 도중 부식성(腐食性) 플랑크톤에 의해서 포식된다.

❖ 심해 플랑크톤의 생식생태

얕은 바다에 사는 플랑크톤에는 뚜렷한 산란기가 있지만, 수온의 변화가 거의 없는 심해에 사는 플랑크톤 중에는 명확한 산란기를 갖지 못하고 주년산란(周年産卵 : 일년을 통해서 산란한다)을 하는 종류도 있다.

심해에 사는 어류 "마이크로넥톤" 중에는 성전환(性轉換)을 하는 종도 있다. 예를 들면, *Gonostoma gracile* 는 부화 후 1년에 체장 50mm 남짓하게 되는데, 이들은 모두 수컷으로서, 그 해에는 수컷으로서 성숙하여 생식에 참가한다. 체장 70~90mm 사이에 성전환을 하여 암컷이 되고, 만 2년 후의 겨울에는 암컷으로서 생식행동을 한다. 그리고 암컷으로서의 수명은 약 2년이라고 한다. 먹이가 적은 심해에서는 몸이 작은 동안에 성성숙(性成熟)을 하는 것이 유리하기 때문에, 성숙

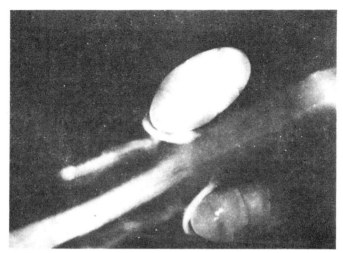

사진 1   심해화살벌레(*Eukrohma fowleri*) 의 자성 개구부에 부착한 알주머니
(긴 지름 2~2.5mm, 짧은 지름 1.1~1.3mm : 속에는 5개의 수정란이
인지된다)

을 위해서 암컷만큼 에너지를 필요로 하지 않는 수컷으로 먼저
성숙하고, 그 후 성전환을 하여 크게 되어서 암컷으로서 성숙
하는 것이라고 생각되고 있다.

일반적으로 심해 플랑크톤의 성숙란(成熟卵)의 크기는 천해
플랑크톤에 비해서 크고, 또 알의 수가 적어지는 경향이 있다.
예를 들면, 클론 화살벌레의 무리는 심해에서는 주년산란을 하
는데, 그 알수는 10 전후로서 표층에 사는 같은 그룹의 화살
벌레의 1/10 이하인데, 반대로 크기는 10배 가까이나 된다.
이 화살벌레는 수정 후 알을 해수 속에 방출하지 않고, 난관(卵
管)의 출구에 발달한 한천질 모양의 주머니 속에 넣어 둔다(사
진1). 주머니 속의 알은 곧 부화하여 3mm 전후의 새끼벌레가
되고, 이 단계에서 새끼벌레는 주머니를 찢고 바다 속으로 나
가는데, 이 자충(仔虫)의 체장은 표층종의 약 3 배나 된다.

심해 플랑크톤이 소수의 대형란을 낳는 잇점으로서는 부화 때의 유체(幼體)가 크고 기관의 형성이 진행되어 있기 때문에, 빠른 섭식활동(攝食活動)이 가능한 점, 유체의 수가 적기 때문에 먹이를 애워싸는 경쟁이 적은 점 등을 들 수 있다.

화살벌레류의 이야기가 나왔기에 한 가지를 더 덧붙이면, 이 생물은 자웅 동체(雌雄同體)이므로 많은 연구자에 의해서 서식 밀도가 적고 교미 기회가 적은 심해에서는 자가수정(自家受精)이 이루어지고 있는 것이 아닐까 하고 논란되어 왔다. 그러나 실제로 심해의 화살벌레를 채집하여 조사해 본즉, 웅성선숙(雄性先熟)으로 개중에는 교미의 흔적이 인정되는 개체도 있었다. 즉 심해에서도 교미에 의한 타가수정이 성립되고 있었다. 그렇다면 눈도 퇴화하고 갑각류와 같은 발광기관도 갖지 않는 화살벌레가 어떻게 해서 교미를 위한 만남의 기회를 만드는 것일까? 이 문제를 해명하기 위해서는 더욱 많은 관찰과 실험이 필요하다.

심해라고 하는 극히 특수하고 또 여러분의 흥미를 끄는 세계에 사는 플랑크톤에 관해서, 여기서는 그저 요점만 간단하게 설명한 데에 지나지 않다. 아직도 발광현상, 심해 플랑크톤의 감각기관, 몸의 화학성분 등 여러 가지로 화제가 끊이지 않는다. 어쨌든 심해는 생태학적으로나 생리학적으로도 흥미있는 사실을 깊은 신비의 베일 속에 간직하고 있는 것이다.

29. 구로시오를 물들이는 식물 플랑크톤

❖ 구로시오

일본인은 "구로시오(黑潮)"라고 하는 말에 독특한 애착감을 갖는 사람이 적지 않다. 역사상으로 구로시오는 일본의 문화(文化)를 운반한 수송자이며, 또 현대에는 일본의 기후에 큰 영향을 주고 있는 것으로서 관심을 끌고 있다. 구로시오는 웬지 일본인의 뿌리를 느끼게 하는 점이 있지 않을까?

구로시오란 일본의 남쪽 열대지방으로부터 멀리 북상하여, 일본 근해에서 차츰 동쪽으로 멀어져 가는 거대하고 따뜻한 해류이다. 그 너비는 일본 가까이에서는 약 200 km, 또 그 수량(水量)은 한강이 1년간에 흘려보내는 수량을 1~2시간에 운반해 버린다. 구로시오라는 말의 어원은 물의 색깔이 거무칙칙한 데서부터 유래되었다고 하는데, 실제로 배 위에서 멀리부터 보이는 구로시오는 남흑색(藍黑色)이고 가까이서 보는 물은 한없이 맑다. 구로시오의 물은 맑기 때문에 태양빛을 반사하지 않아 그 때문에 검게 보이는 것이다.

❖ 왜 구로시오는 맑은가?

구로시오의 물이 맑은 가장 큰 원인은 그 속에 부유하는 식물 플랑크톤이라고 불리는 작은(1/10 mm 이하) 생물의 양이 매우 적기 때문이다. 사진 1에 이같은 식물 플랑크톤의 사진을 보여 두었다. 그러면 왜 식물 플랑크톤의 양이 적을까?

식물 플랑크톤은 식물의 일종이므로 성장하기 위해서는 태양

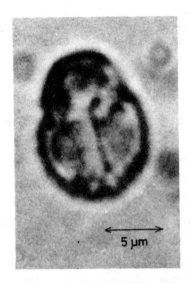

사진 1 구로시오의 식물
플랑크톤의 일종,
암피디늄

5 μm

빛과 영양염(육상식물에서는 비료에 해당한다)의 두 가지를 필요로
한다. 구로시오가 주로 흐르고 있는 남쪽 바다에는 밝은 태양
빛이 가득 차 있으나, 영양염이 매우 적기 때문에 식물 플랑크
톤이 성장하기 어려워진다.

구로시오에 영양염이 적은 메커니즘으로는 다음과 같이 생각
되고 있다. 즉, 구로시오의 근원인 열대지방의 바다에서는 강
한 태양빛으로 바다 표면이 항상 따뜻하다. 그러나 조금 깊은
곳에서는 태양의 복사열(輻射熱)이 미치지 않기 때문에 물의 온
도가 낮은 채로이다. 따라서 위가 따뜻하고 아래가 찬 해수의
층이 생기는데, 이같은 조건에서는 대류(對流)가 일어나지 않으
며, 바다 표면과 그 밑의 물의 혼합이 아주 조금밖에 일어나지
않는다. 일반적으로 바다 속의 영양염은 깊은 곳에서부터 표면
으로 공급되는데, 이 흐름이 끊어져 버리기 때문에 표면 부근
의 영양염이 거의 없어져 버리는 것이다.

❖ 색깔도 선명한 식물 플랑크톤의 세계

일본 남쪽의 열대해역에서 형성된 구로시오는 북상할 때, 그 주변까지 포함하여 색채가 풍부한 독특한 식물 플랑크톤의 세계를 만들고 있다. 다음에서 그같은 세계를 살펴보자.

앞에서도 말했듯이 열대나 구로시오 해역의 식물 플랑크톤의 특징은 그 양이 매우 적다는 점인데, 또 하나의 특징은 그것들이 매우 색채가 풍부한 광합성 색소를 함유하고 있다는 점이다. 예를 들면, 때때로 "적조(赤潮)"를 형성하는 식물 플랑크톤의 트리코데스뮴(Trichodesmium)은 녹색 클로로필 외에 핑크색의 피코에리트린(Phycoerythrin)이나 청색의 피코시아닌(Phycocyanin)이라는 광합성 색소를 갖고 있다. 이들 색소는 우리와 친숙한 김(海苔)에도 다량으로 함유되어 있고, 짙은 보라색의 원인이 되고 있다.

트리코데스뮴은 바다의 표면 부근에서 생활하고 있는데, 이보다 좀더 깊은 30～70m에서는 1μm($=1/1,000$mm) 이하의 매우 작은 식물 플랑크톤이 주로 자라고 있다. 이것들도 트리코데스뮴과 마찬가지로 클로로필 외에 피코에리트린이나 피코시아닌을 갖고 있는데, 너무도 작기 때문에 바다의 색깔을 물들일 만한 양은 되지 않는 것 같다. 이들의 크기가 매우 작다는 것은 희박한 영양염을 이용하기 위해서는 유리한 일일지도 모른다.

또 70～100m 정도의 깊이에는 구로시오해역으로서는 상당한 양의 식물 플랑크톤이 존재하고 있다. 이 정도의 깊이가 되면 태양빛은 상당히 적어지지만, 반대로 영양염의 농도가 꽤나 높아지기 때문에 양쪽의 인자(因子)가 평형하여, 식물 플랑크톤에는 매우 살기 좋은 환경이 되는 것이다. 또 이 심도에서는 통과해 오는 태양빛은 해수에 의한 흡수의 영향으로 청록색을 띄게 된다. 따라서 이 깊이의 식물 플랑크톤은 이 색깔의 빛을 잘 흡수하는 광합성 색소를 갖는다는 것이 보고되어 있다.

이보다 깊은 곳에서는 영양염의 농도가 더욱 높아지는데, 빛의 양이 적어지기 때문에 식물 플랑크톤의 양은 큰 폭으로 감소한다. 그리고 여기서부터는 깊어지면 깊어질수록 식물 플랑크톤의 양이 적어진다.

❖ 바다의 사막

구로시오해역은 태양빛은 충분히 존재하지만, 영양염은 극단적으로 적고 또 생물의 양도 적기 때문에 「바다의 사막」으로 비유할 수 있을 것이다. 육지의 사막의 생물이 근소한 수분을 이용하여 살아가고 있듯이, 구로시오의 식물 플랑크톤도 그 근소한 영양염을 이용해서 생활하고 있다. 그러나 식물 플랑크톤이 이 근소한 영양염을 유효하게 이용하고 있는 메커니즘에 관해서는 앞으로의 연구를 기다릴 수밖에 없다.

이같이 하여 열대지방으로부터 구로시오를 거쳐 일본으로 이르는 매우 맑은 아름다운 바다에는, 양은 적지만 색채가 풍부한 식물 플랑크톤의 세계가 펼쳐져 있는 것이다.

30. 미크로한 물고기와 마크로한 물고기

❖ 길이의 차, 2,000배

물고기의 길이를 나타내는 데는 "전장(全長), 표준체장(標準體長), 가랑이체장(尾叉體長)" 등을 사용하고 물고기에 따라서 가려쓰고 있다. 머리끝에서부터 꼬리지느러미의 맨 뒤끝까지의 길이가 전장(全長), 꼬리지느러미의 기저부분까지가 표준체장(標準體長), 꼬리지느러미의 뒷부분의 잘숙한 부분까지를 측정하는 것이 가랑이체장(尾叉體長)이다. 갈치와 같이 꼬리부분이 끊어지기 쉬운 물고기는 항문에서부터 앞부분을, 새치와 같이 이빨 끝이 돌출해 있는 물고기는 눈으로부터 뒷부분을 측정하는 경우가 있다. 이같이 하여 측정하면 세계 최대의 물고기는 고래상어로서 21 m, 최소의 물고기는 필리핀의 호수에 사는 망둑어 무리로서, 어미가 되어도 고작 1 cm에 못 미치는 작은 물고기이다. 가장 큰 고래상어는 무게가 4.5 톤이나 되는 것으로 알려져 있으므로, 큰 물고기와 작은 물고기의 차이는 길이에서 2,000 배, 무게로서는 약 500 만배 이상이 된다.

미국에서는 게임 피시(game fish, 아마추어 낚시)에 의한 세계의 대어기록(大魚記錄)을 모은 책이 있는데, 그 중에서 주목할 만한 것을 골라내면, 돛돔의 무리 256 kg, 새치 708 kg, 참다랑어 680 kg, 백상아리 1,200 kg 등이 있다. 이 외에 일본 연안에서도 때때로 2 톤이 넘는 개복치가 잡혀 화제에 오른다. 담수어(淡水魚)에서는 용상어가 가장 커서 1.5톤에 달한다.

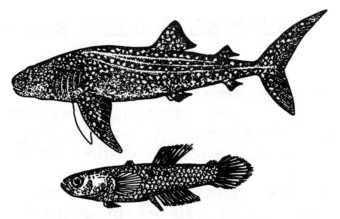

그림1 세계 최대의 물고기 (상 : 고래상어)와
최소의 물고기 (하 : 망둑어 무리)

생물체의 성장에는 도달할 수 있는 크기에 한계가 있고, 최대
크기는 종(種)에 따라서 유전적으로 정해져 있다. 따라서 망둑
어는 아무리 좋은 환경에서 자라도 참다랑어가 될 수는 없는
것으로서, 물고기의 경우는 다른 생물에 비해서 종류에 따라
몸의 크기에 차이가 심하다고 하겠다.

❖ 물고기의 성장

최대의 크기가 되기까지의 성장방법은 물고기에 따라서 다
르다. 물고기에는 호적(戶籍)이 없기 때문에 나이를 추정하는
데는 여러 가지 연구를 하고 있다. 연령 사정에는 물고기의 비
늘, 이석(耳石)이라고 하는 머리부분의 평형기관(平衡器官), 뼈
등이 사용되는데(제1권-19.「물고기의 나이와 수명」, 21.「날수를 새
기는 물고기의 이석」 참조), 고래의 경우는 특별하여 「귀에지」를
이용하고 있으며(제1권-25.「고래는 몇 년이나 사는가」 참조), 이들
표본에 나타나는 나이테를 읽어서 물고기의 나이를 추정하고

있다. 나이테가 나타나는 몸의 부분이 전혀 없어진 물고기에서는 물고기 몸에 표지표를 붙여서 방류한 날로부터 다시 어획되는 날까지의 체장의 신장을 측정하여 성장의 척도로 삼고 있다.

이렇게 하여 물고기의 나이와 성장에 대해서 분석하면, 성장이 빠른 물고기, 느린 물고기, 수명이 긴 물고기, 짧은 물고기, 최대로 성장했을 때의 길이가 크고 작은 물고기 등 여러 가지 관계를 알 수 있다. 물고기의 성장이 완만하고 체격이 작으면 비교적 먹이가 적은 조건 아래서도 많은 수의 물고기가 생존할 수 있다.

그러나 그와 동시에, 예를 들면, 멸치, 망둑어 등과 같이 몸이 작다고 하는 것은 해적생물(害敵生物)에게 잡아먹힐 율이 증가하는 것으로서, 물고기는 번식력을 강화하여 이것에 대처하지 않으면 안 된다. 그 반대로 물고기의 성장이 빠르고 몸이 크면 그들은 적으로부터는 얼마쯤 보호되지만, 이것은 충분히 먹이가 있는 경우에만 한정되며, 당연히 그 물고기의 수는 소수로 억제되게 된다.

어류를 몸의 크기, 수명, 성장속도, 성숙연령, 산란수 등의 관점에서부터 구분하면 3가지 형식으로 나눌 수가 있다.

첫 번째 형의 특징은 몸이 작고, 수명이 짧으며, 빨리 성장·성숙하고 산란수가 적다는 점이다. 꽁치는 몸이 가늘고 최대 체장이 35 cm정도로 작고, 수명은 2년 정도로 짧으며, 만 1세에서 산란하는 물고기로 까나리와 함께 첫 번째 형의 대표라고 할 수 있다.

두 번째 형의 특징은 수명이 긴데도 불구하고 몸이 작고, 빨리 성장·성숙하지만 산란수가 비교적 적다. 정어리나 청어 등이 이 형에 포함된다.

가다랭이, 참다랑어, 넙치 등은 수명이 길고, 천천히 성숙하며 보다 많은 영양을 몸의 유지와 성장에 쏟기 때문에 대형이

되고, 산란수도 많은 물고기로서 이것이 세 번째의 형이라고 일컬어진다. 이와 같이 물고기는 종속(種屬)을 유지하고 번영시켜 가기 위해서 여러 가지 생활방식을 몸에 지니고 있다.

❖ 식성과 물고기의 크기 관계

동물이 먹이로 하는 생물의 종류는 동물의 종류에 따라서 특유하며, 이같은 식생활(食生活)의 메뉴를 "식성(食性)"이라고 한다. 물고기는 다른 동물 그룹에 비해서 먹이종류의 범위가 넓다는 특징이 있는데, 물고기의 식성도 종에 따라서 특유하다. 그러나 물고기의 먹이에 대해서는 어떤 물고기이건, 먹이의 먹이, 또 그 먹이로 차례를 더듬어 가면, 식물 플랑크톤이나 해조(海藻)와 같은 태양의 광에너지와 이산화탄소를 사용하여 광합성(光合成)을 하여 증식(增殖)하거나 영양을 축적하는 식물에 다다르게 된다. 즉, 모든 물고기의 먹이의 근원은 태양에너지에 있다. 이같은 생물계의 먹이에너지의 흐름은 생물의 위(胃)를 조사하여 "먹고-먹히는 관계"를 밝히는 것으로써 알 수 있으며, "먹이사슬(食物連鎖)"이라고 불린다.

물고기의 먹이사슬은 중간층이나 표층에 사는 부유어(浮遊魚)와 해저에 사는 저서어(底棲魚)로서는 다른 계열로 되어 있다. 그림 2에는 동해의 도야마만(富山灣)에서의 먹이사슬을 보인 것이다. 부유어의 계열에서는 가장 기초가 되는 먹이생물은 식물 플랑크톤이다. 이것을 동물 플랑크톤, 어린 새우들, 부시리류가 잡아먹고, 그것을 다시 정어리, 반디오징어 및 멸치, 방어의 유어(幼魚) 등이 잡아먹고, 그들을 다시 방어, 참다랑어, 송어가 잡아먹는 구조로 되어 있다.

한편, 저서어 계열에서는 가장 기초가 되는 먹이는 "데트리터스(detritus, 입자성 유기물)"라는 동물이나 식물의 시체와 배설물이 바닥에 가라앉은 것으로서, 그것들을 조개류나 새우,

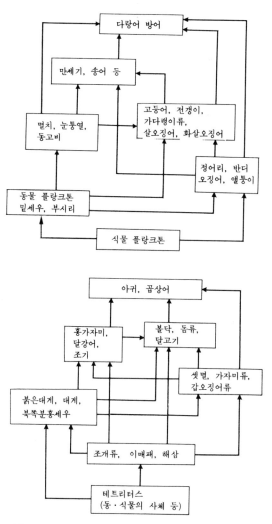

그림 2 도야마만에서의 부유어 (상)와 저서어 (하)의 먹이사슬

게가 잡아먹고, 그것을 넙치나 샛멸이 잡아먹고, 그들을 다시 아귀나 곱상어가 잡아먹는 구조로 되어 있다. 이상의 식물 플랑크톤과 데트리터스계열의 양자에게 잡아먹히거나 반대로 잡아 먹거나 하여 에너지의 흐름의 중개역을 하는 물고기로서 말쥐치, 갈치, 대구류, 넙치 등이 있다.

이 먹이사슬의 위쪽에 있으면서 물고기를 잡아먹고 있는 종류는 모두 대형 물고기인 것을 알 수 있다. 이것은 물고기를 잡아먹기 위해서는 큰 입이 필요하다는 것의 증명이지만 넓은 대양에는 예외도 있다. 대형으로서 몸을 유지하기 위해 많은 에너지를 필요로 하는 상어류 중에는 풍부하게 분포하는 동물 플랑크톤을 주식으로 삼고 있는 것도 있다.

31. 오징어 주둥이는 무엇을 말하는가?

❖ 껍질을 버린 오징어와 문어

암모나이트(ammonite)라는 화석동물을 모르는 사람이라도 앵무조개의 이야기를 들은 적은 있을 것이다. 최근에는 수족관에서 그들의 살아 있는 모습을 볼 수 있는 기회가 많아졌는데, 남태평양의 팔라우제도나 필리핀 근해에서 쉽게 채집할 수 있다는 것을 알았기 때문이다. 그러나 이 앵무조개가 오징어나 문어무리, 즉 두족류(頭足類)라는 동물군의 옛날 모습을 전해 주고 있다고 하면 좀처럼 믿어주지 않을는지 모른다. 어쨌든 앵무조개는 바로 「살아 있는 화석」인 것이다.

어쩐 까닭인지 현재의 두족류는 이 딱딱한 껍질을 버림으로써 오늘날의 번영을 획득한 것 같다. 일부 조개낙지라든지 갑문어 등의 무리에서 이 껍질의 유물이 남아 있지만, 이들 종류는 주류파가 될 수 없는 것으로 보아, 껍질에 의한 보호보다는 운동의 제약쪽이 마이너스로 작용했다는 것을 생각할 수 있다.

여기서 그림 1에 보인 오징어를 살펴보기로 하자. 큰 눈, 약동하는 팔, 특히 길다란 두 개의 촉수, 그리고 유선형의 몸매가 인상적이다. 그러나 이 촉수 하나의 모양이 조금 별난 점에 유의해 주기 바란다. 영문 표제에도 있듯이 이 그림은 「세포생리학을 위한 미소 전극기술(電極技術)」연수회 개최에 관한 포스터인데, 앞서 지적한 촉수의 곡선은 그 방법을 상징하는 신경 임펄스(impulse)의 형태를 나타내고 있다. 그리고 오징어가 여기에 등장하는 이유는 그들의 몸에는 거대 신경섬유가

MICROELECTRODE TECHNIQUES FOR CELL PHYSIOLOGY

THE LABORATORY OF
THE MARINE BIOLOGICAL ASSOCIATION

A WORKSHOP

PLYMOUTH, U.K.

5 ~ 19 APRIL 1984

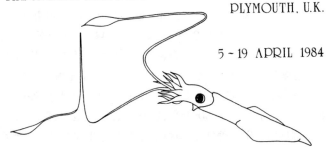

그림 1 오징어를 디자인한 집회의 포스터

있어서 신경생리학의 연구재료로서 없어서는 안 되는 것이라는 점에 있다.

화살오징어 무리에는 이 거대 신경섬유의 지름이 0.5mm에나 달한다. 하기는 이 신경섬유는 사람이나 쥐 등 고등동물의 신경섬유와는 다소 구조가 다르며, 전기적 신호가 전달하는 속도도 느리다고 말하므로, 크기만으로부터 그 활동을 추측할 수는 없지만, 껍질이 없는 두족류의 행동을 향상시키는 위에서 강력한 무기로 되어 있는 것은 틀림없다. 물론, 신경계통의 두드러진 분화(分化)는 감각기를 비롯하여 발광기나 체표의 색소세포의 발달을 통해서 두족류의 번영에 크게 기여한 것으로 생각된다.

❖ 오징어와 문어의 차이

정확한 종류 수는 어떤 동물 그룹에서도 알기 어려운 것이지만, 현재로서는 약 650종의 두족류가 어림되고 있다. 이 중에서 아가미를 두 쌍이나 갖는 앵무조개의 무리 수종(몇 종인지 아직 알지 못한다)을 제외하면, 모두 한 쌍의 아가미를 공유하고 있다. 이것이 오징어와 문어의 무리인데, 양자의 구별은 보통 팔의 수에 의해서 하고 있다. 그리고 두 개의 긴 촉수의 유무가 그것을 구별하는 결정적인 방법인데, 오징어의 무리에서도 문어오징어와 같이 이것이 없는 것도 있고, 박쥐문어라는 심해성 문어는 한 쌍의 지느러미를 갖고 있어 오징어인지 문어인지 혼돈되는 수가 있다. 하기야 문어오징어류도 어릴 때에는 훌륭한 두 개의 촉수를 갖고 있으므로 오징어인 것은 명백하다. 또 빨판(吸盤)의 형태가 포도주잔 모양으로 가느다란 자루 위에 얹혀 있는 것이 오징어이고, 위스키잔 모양인 것이 문어라고 생각해도 큰 지장이 없다.

이 고도로 분화한 동물은 전 세계의 해양에 골고루 분포하며 깊이는 6,000m에 달할 정도로 생활영역의 폭이 넓다. 자유자재로 움직이는 수많은 팔, 강력한 입과 턱의 힘이 앞서 말한 뛰어난 감각력과 더불어 그들의 발전적인 생활에 유리하게 작용했을 것이다. 흔히 대비(對比)되듯이 오징어와 물고기는 형태나 생활방법의 여러 가지 점에서 아주 비슷하다. 계통적으로는 전혀 다른 방향에서 생겨난 동물군이 서로 닮는 현상을 "수렴(收斂)"이라고 하는데, 설사 사는 장소가 공통이라고는 하나 너무도 공통점이 많은 사실에는 놀랄 뿐이다. 하등한 오징어류가 물고기의 흉내를 낼 수 있은 것도 역시 거대신경에 힘입고 있다고 말하면 억지라고만 탓할 수는 없지 않을까?

❖ 오징어턱은 무엇을 말하는가?

딱딱한 조직을 철저하게 배제한 두족류도 포식을 위한 입의 기관만은 단단한 「주둥이」와 「치설(齒舌)」을 남겨두고 있다.

그림 1 향유고래의 위에서 나온 큰 오징어와 턱니들

이 부분은 여러 가지 조건 아래에서도 분해되지 않고 보존되는 특징이 있어서, 식용상으로는 방해물일 뿐이지만 연구자에게는 다시 없는 중요한 부분이다. 해저 위에는 수많은 주둥이가 떨어져 있으며, 그 위쪽에서의 두족류의 활동상황을 기록하고 있고, 물고기나 고래의 위(胃) 속에도 많은 주둥이가 소화도 되지 않은채로 남아 있어 포식자의 생태를 복원하는 데에 힘이 되어주고 있다. 이같은 정보가 운동력이 커서 포획하기 힘든 두족류의 자원상태를 아는데도 귀중한 실마리가 되기 때문에,「오징어턱」학은 바야흐로 주목을 끌고 있는 분야이다.

그런데 600종을 넘는 종류를 주둥이의 형태만으로 구별하려는 것은 지극히 어려운 기술임은 누구나 쉽게 상상할 수 있는 일이다. 그러나 연구자의 집념은 이 어려움을 돌파할 것 같은 기세이다. 지금까지 형태나 색깔 등의 특징을 종합하면 비슷한 종류의 묶음인 속(屬)이라는 수준까지 구별할 수 있는 전망이

서 있다. 주둥이의 크기는 다시 몸의 크기, 무게의 복원을 가능하게 하고 두족류가 포식되는 양을 추정하는 데에 실마리를 제공한다.

예를 들면, 향유고래 한 개체의 위(胃)로부터 2,000~8,000 개체 몫의 주둥이가 발견된다고 하니까, 설사 소화되지 않고 장시간을 위 속에 남아 있는 일이 있다고 하더라도, 포식한 그 생물량이 어느 정도로 큰 것인가를 상상할 수 있을 것이다. 그들의 크기는 보통의 그물에 의한 채집대상을 훨씬 넘고 있기 때문에, 우리는 주둥이를 통해서만 그들의 생활을 엿볼 수가 있는 것이다. 그 예리한 입 끝을 가진 오징어턱은 두족류의 무기일뿐 아니라 자기들의 세계에서 일어난 사건을 우리에게 말해 주는 의지할 만한 기관이기도 하다.

32. 어군의 효용

❖ 떼를 짓는 물고기, 짓지 않는 물고기

인간은 물고기가 떼를 형성하는 습성을 이용해서 물고기를 잡는 일이 많고, 어획 대상종의 태반은 이 떼를 짓는 물고기라고 할 수 있다. 그러나 물고기 중에는 송사리나 정어리와 같이 일생을 떼를 지어 생활하고 있는 종류가 있는가 하면, 개복치처럼 일생을 고독하게 보내는 것도 있다. 그리고 대양의 표중층 (表中層)을 돌아다니는 정어리, 가다랭이, 고등어, 참다랑어, 연어, 전갱이, 꽁치, 방어나, 바닥층을 돌아다니는 참돔, 대구 등은 일생 중 어느 시기에 강력한 떼를 짓는 성질을 갖고 있다.

어군이 형성되는 방법에는 네 가지 단계가 있다. 먼저, 완전히 고독한 상태가 첫 번째 단계이고, 거기서부터 그저 막연히 모여드는 어군, 질서 정연하게 집합하는 어군의 두 단계가 있고, 이것을 다시 농밀하게 한 집단이 가장 강력한 어군으로 생각된다. 그러나, 일반적으로 일정방향으로 질서 정연하게 유영해 가는 물고기의 집합을 "어군(魚群)"이라 부르고 있다. 이와 같이 어군에서는 물고기와 물고기의 간격, 유영방향, 속도에 대해서 통제된 행동을 하고 있기 때문에, 무리는 동일종이며 더구나 몸의 크기가 거의 같은 물고기로써 구성되어 있다.

무리를 구성하는 물고기의 수는 많고 적은 여러 가지로서 참다랑어, 가다랭이는 수십 마리에서 수천 마리에 이르며, 청어, 정어리, 갈고등어에서는 100만 마리를 넘는 일도 있다. 어군의 크기도 큰 것에서는 길이와 폭이 수m에서부터 200 ~ 300

m, 높이는 최고 100~500m정도에 이른다. 또 어군의 덩어리 상태의 지표인 물고기 사이의 거리는 색줄멸에서는 거의 체장과 같고, 멸치, 전갱이, 고등어에서는 체장의 2/5정도이며, 부유어의 짙은 무리에서는 일반적으로 체장의 1/2정도라고 말하고 있다.

❖ 무리는 어떻게 통제되는가?

무리의 형성과 유지에는 시각, 청각, 촉각, 후각 등 모든 감각이 관여하는데, 그 중에서도 시각의 역할이 가장 크다고 한다. 물고기가 있는 수조 속에 거울을 넣으면, 물고기는 거울로 향해서 접근하거나, 정어리떼 속에 몇 마리의 동료들을 넣어주면, 금방 무리 속으로 섞여들지만, 시신경(視神經)이 잘려진 물고기는 무리 속에 참가할 수 없다는 실험결과가 있다. 또 어군탐지기의 영상을 보면, 물고기는 낮에는 무리를 짓지만 밤에는 무리가 흩어져서 분산한다는 것에서부터, 물고기는 다른 동료가 눈에 띄면 서로 유인되어 무리를 형성하는 습성이 있는 것으로 판단된다.

동물떼가 통제된 행동을 취하기 위한 중요한 메커니즘으로서는 리더제와 신호전달의 두 가지가 있다. 그러나 물고기떼의 경우에는 포유류나 조류(鳥類)와는 달라서, 아무래도 리더가 필요하지 않는 것 같다고 한다. 그것은 물고기떼에서는 지금까지 선두를 헤엄치고 있던 것이 무리의 방향이 바뀌어졌을 때는 주변부를 헤엄치는 일원(一員)이 되어 버리는 것으로도 증명되고 있다. 무리가 방향을 바꿀 때 특정 물고기가 신호를 내는 것이 아니라, 무리 속의 한 마리가 어떤 자극으로 방향을 바꾸면, 주위의 것들이 그것에 동조해서 행동하여 순식간에 무리 전체의 방향이 바뀌어진다. 우연히도 방향전환의 필요를 느낀 것이 그때의 리더 역할을 하고 있다고 말할 수 있다.

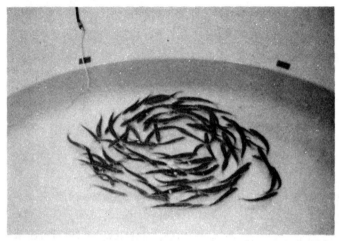

사진1 수조 속에서의 젊은 은어의 무리〔도쿄대학해양연구소 쓰카모토 박사 제공〕

물고기에 있어서 무리의 형태나 방향을 변화하는 일은 그 나름의 뜻이 있다. 플랑크톤을 주식으로 하는 정어리같은 물고 기는, 입을 벌이고 헤엄치면서 호흡과 함께 먹이를 걸러 잡으면서 전진한다. 따라서 무리의 뒤쪽을 헤엄치는 물고기는 먹이와 산소부족에 시달릴 가능성이 있다. 이같은 때에 무리의 방향이 바뀌어지면, 뒤쪽에서 허덕이던 물고기는 무리의 전면이나 측면으로 나와서, 신선한 물에 접할 수가 있다. 만약 어군에 리더가 있고 항상 일부의 물고기가 선두에 서 있다고 한다면, 불공평한 상태가 생기고 나아가서는 무리 전체의 불이익과 연결된다. 결국, 물고기는 무리에 리더를 두지 않음으로써 전체의 통일과 이익을 유지하고 있다.

❖ 왜 무리를 짓는가?

어군의 효용으로서 집단효과, 방위효과, 큰 동물에 대해서 과시하는 효과, 에너지 보존효과 등을 들 수 있는데, 이들 가운데서 한가지만이 아니라 몇 가지가 결합되어 한 층 잇점이 높아지고 있는 것으로 생각된다. 이들 중에서 가장 알기 쉬운 것은 포식자를 압도하여 접근하지 못하게 하는 효과이다. 그러나 이것도 일리는 있지만, 일단은 무리의 크기로써 포식자를 쩔쩔매게 하더라도 먹이의 집단이라고 하는 인식을 주게 되면, 그 효과는 희박해진다고 하겠다. 그러나 이같은 경우라도 포식자가 단독으로 행동하고 있을 경우에는, 무리를 형성함으로써 적과 만날 확률이 작아지고, 설사 적에게 발견되더라도, 그들의 일회의 포식량에는 한도가 있기 때문에 희생자를 적게 누를 수가 있다.

에너지 보존설이란 유영하고 있는 물고기의 뒤쪽에서 생기는 난류의 소용돌이가, 뒤를 잇는 물고기의 앞쪽 방향으로의 운동에 도움이 되고, 후속하는 물고기의 전진을 위한 에너지를 절약할 수 있는 것인데, 무리의 선두나 측면에 있는 물고기는 이익을 얻을 수가 없기 때문에, 무리 전체로서는 과연 에너지의 절약이 될까 하는 의문점도 남는다. 그러나 금붕어를 수조 속에 한 마리만 넣어 두기보다는 여러 마리를 함께 넣어 두는 쪽이, 한 마리당 산소에너지의 소비량이 적다는 실험 사례도 있고 하여, 물고기는 떼를 지어 있는 것이 스트레스가 적고 집단효과가 있는 것이라고 생각된다.

또 물고기의 학습실험에서는 한 마리씩 훈련하기보다 여러 마리를 집단으로 훈련하는 편이 사물의 기억이 빠르다고 한다. 예를 들면, 움직이는 그물로부터 빠져 나가는 행동을 잉어에게 학습시키면, 한 마리씩일 때보다 무리쪽이 훨씬 성적이 좋고, 훈련된 무리 속에 넣은 경험없는 물고기도, 한 마리씩 훈련하기보다는 빠르게 학습한다는 실험결과도 있어, 물고기의 무리에는 서로 이로운 작용이 있다고 할 수 있다.

이상과 같이 무리에는 그 나름의 효용이 있으며 물고기는 먹이를 취하여 성장하고 적으로부터 몸을 지켜 살아남기 위해서 떼를 짓는 습성을 몸에 익혔다. 그러나 인간은 그것을 반대로 이용하여 정치망, 자망, 저인망, 연승망 등으로 물고기가 떼를 짓는 습성을 이용해서 어획하고 있다. 무리를 발견하기 위한 어군탐지기의 발명이나, 집어등(集魚燈)을 사용하여 무리를 더욱 농밀하게 만들어 어획하는 선망(旋網)이나 오징어낚이법의 개발 등, 인간의 기술의 진보는 물고기에게는 예상조차 할 수 없는 것이었다고 생각된다. 이같은 사태에 물고기가 적응할 수 있는 것은 어느날의 일이 될는지?

「바다의 이야기」편집그룹 일람

〔編集委員〕

沖山　宗雄　도쿄(東京)大學 海洋硏究所 助敎授

小林　和男　東京大學 海洋硏究所 敎授

清水　　潮　東京大學 海洋硏究所 助敎授

寺本　俊彦　東京大學 海洋硏究所 敎授

根本　敬久　東京大學 海洋硏究所 敎授

和田英太郎　미쓰비시화성(三菱化成)生命科學硏究所
　　　　　　生物地球化學・社會地球化學 硏究室長

〔執筆者〕

太田　　秀　東京大學 海洋硏究所

大竹　二雄　　上　　同

沖山　宗雄　　上　　同

加藤　史彦　水産廳 日本海區 水産硏究所

川幡　穗高　工業技術院 地質調査所

小林　和男　　上　　同

清水　　潮　　上　　同

關　　邦博　海洋科學技術센터

平　　啓介　東京大學 海洋硏究所

田中　武男　海洋科學技術센터

辻　　堯　三菱化成 生命科學硏究所

寺崎　　誠　東京大學 海洋硏究所

寺本　俊彦　　上　　同

中井　俊介　　上　　同

西田　周平　　上　　同

根本　敬久　　上　　同

藤岡換太郎　　上　　同

古谷　　研　　上　　同

風呂田利夫　도호(東邦)大學 理學部

松生　　洽　東京水産大學 水産學部

松岡　玳良　日本栽培漁業協會

松本　英二　工業技術院 地質調査所

宮田　元靖　東京大學 理學部

和田英太郎　　上　　同

【옮긴이 소개】

이 광 우
서울대학교 농과대학 졸업, 미국 미네소타대학교. 대학원, 이학박사,
KAIST해양연구소 해양화학 연구실장
현재 : 한양대학교 이과대학 지구해양과학과 교수.

손 영 수
과학저술인. 한국과학저술인협회상,
서울특별시 문화상, 대한민국과학기술진흥상 등 수상.
역서 :『노벨상의 발상』등 다수.

김 용 억
부산수산대학 졸업, 이학박사. 일본 도쿄(東京)대학 해양연구소 연구원.
현재 : 부산수산대학교 증식학과 교수.

김 영 희
서울대학교 약학대학 졸업, 국립보건연구원, 국립과학수사연구소를
거쳐.
현재 : 해양경찰대학 오염관리관

바다의 세계 ④

1988년	12월	25일	초판
1994년	10월	30일	2쇄

옮긴이   이광우·손영수·김용억·김영희

펴낸이   손영일

펴낸곳   전파과학사

서울시 서대문구 연희2동 92-18
TEL. 333-8877·8855
FAX. 334-8092   1956. 7. 23. 등록 제10-89호

공급처 : 한국출판 협동조합
서울시 마포구 신수동 448-6
TEL. 716-5616~9
FAX. 716-2995

· 판권본사 소유   · 파본은 구입처에서 교환해 드립니다.
                        · 정가는 커버에 표시되어 있습니다.

ISBN 89-7044-509-9 03470